Inhalt

W0062794

Das perfekte Verkaufsgespräch

Lothar Haase

2. Auflage

C.H.BECK

So nutzen Sie dieses Buch

Die folgenden Elemente erleichtern Ihnen die Orientierung im Buch:

Beispiele und Übungen

In diesem Buch finden Sie zahlreiche Beispiele, die die geschilderten Sachverhalte veranschaulichen.

Die Merkekästen enthalten Empfehlungen und hilfreiche Tipps.

Auf den Punkt gebracht

Am Ende jedes Kapitels finden Sie eine kurze Zusammenfassung des behandelten Themas.

Vorwort

Der amerikanische Topmanager Lee Iacocca formulierte einmal: „Ein Unternehmen lebt nicht von dem, was es produziert, sondern von dem, was es verkauft." In diesem Satz wird deutlich, wie wichtig es ist, das perfekte Verkaufsgespräch zu trainieren.

Als ehemalige Leistungssportlerin sage ich Ihnen, dass sich ohne gutes Training kein Erfolg einstellt. Neben der schieren Begeisterung gehören insbesondere Disziplin, Ausdauer und auch Niederlagen auf dem Weg zum Siegertreppchen dazu, und wie viele Neins Sie auch während oder nach einem Verkaufsgespräch hören – geben Sie nicht auf!

Ja, Sie werden sicher nicht nur einmal hinfallen, doch mit jedem Aufstehen, mit jedem Weitermachen werden Sie besser und besser – bis Sie eine richtig gute Verkäuferin, ein richtig guter Verkäufer sind und Ihre Verkaufsstrategie als Ihr ganz persönliches Erfolgsgeheimnis entwickelt haben. Sie sind bereits auf dem Weg dorthin, denn Sie halten heute dieses Buch in der Hand – einen Trainingsleitfaden, der Ihnen hilft, Ihr Ziel zu erreichen.

Eine der wichtigsten Erkenntnisse der modernen Hirnforschung der letzten zehn Jahre ist, dass Menschen emotional entscheiden und diese Entscheidungen dann rational begründen. Das bedeutet schlichtweg: Wir Menschen kaufen gute Gefühle. Damit Sie diese Gefühle rhetorisch geschickt in Szene setzen können, gibt Ihnen dieser Ratgeber das nötige Rüstzeug an wertvollen Erkenntnissen – die Lothar Haase aus der Praxis mitbringt – an die Hand.

Ich wünsche Ihnen von Herzen den verkäuferischen Erfolg, von dem Sie gegebenenfalls bisher nur träumten. „Manche Träume sind es wert, gelebt zu werden, auch wenn man dafür kämpfen muss" – und Lothar Haase hilft Ihnen mit diesem Ratgeber dabei!

Petra Lienhop

Petra Lienhop versteht sich als Hotelier aus Leidenschaft mit einem großen Herz für den Vertrieb. Sie ist davon überzeugt, dass in einem Hotel eine jede mitarbeitende Person Verkäufer ist.

Vorwort des Autors

Der Verkäufer hat die längste Lehre, er lernt nie aus.

Dieses Zitat bedeutet, dass sich der Verkäufer (bzw. die Verkäuferin) in einem sich ständig wandelnden Prozess befindet:

- Zeitgeist,

- Markt,

- Produkte sowie

- Wettbewerb

ändern sich ständig. Die Phasen des Wechsels werden immer kürzer – ein Tribut an unsere schnelllebige Zeit und die vielen verschiedenen Einflüsse, die im Rahmen der Globalisierung auf uns einstürmen. Unser Wissen hat sich vom Jahr 1900 bis zum Jahr 1950 etwa verdoppelt. Wir dürfen davon ausgehen, dass der Zeitraum, in dem sich Wissen verdoppelt, inzwischen auf ca. zehn bis zwölf Jahre geschrumpft ist. Dies ist ein äußerst dynamischer Prozess, in den auch ein Verkäufer eingebunden ist. Natürlich ist dies branchenabhängig: Verkauft er im Einzelhandel Geschenkartikel, ändert sich das Spektrum weniger schnell, als wenn er weltweit im IT-Bereich tätig ist.

Von Professor Reinhard Höhn, dem Leiter der ehemaligen Akademie für Führungskräfte der Wirtschaft, stammt die Aussage: „Wir konkurrieren nicht mehr mit der Qualität unserer Produkte, sondern mit der Qualität unserer Mitarbeiter."

Dies mag übertrieben erscheinen, doch es ist eine Tatsache, dass sich die Produkte und Dienstleistungen immer mehr gleichen. In den meisten Bereichen ist die Palette enorm vielfältig und oft sehr unübersichtlich. Die angebotenen Produkte und Dienstleistungen sind schwer miteinander zu vergleichen. Dem Verkäufer stellen sich unterschiedliche und anspruchsvolle Aufgaben. Sein Anliegen sollte sein, den Interessenten davon zu überzeugen, dass sein Produkt bzw. seine Dienstleistung am besten auf die Bedürfnisse seines Kunden zugeschnitten ist. „Verkaufen Sie keine Produkte oder Dienstleistungen, sondern befriedigen Sie die Anforderungen, Bedürfnisse und Wünsche Ihrer Interessenten und Kunden."

Dieses Buch möchte Ihnen zeigen, wie aus Interessenten zufriedene Kunden werden können.

Den Kontakt herstellen

Der erste Eindruck ist entscheidend – und der letzte bleibt.

Dieses Zitat weist auf die Bedeutung des Eindrucks beim ersten Kontakt hin. Springt der Funke nicht gleich zu Anfang über, so gebietet es die Höflichkeit, eine Weile vergehen zu lassen, bevor Sie einen neuen Versuch starten. Direkten Kontakt mit einem potenziellen Kunden können Sie bei Messen, Firmenveranstaltungen, Besichtigungen oder am Tag der offenen Tür aufnehmen. Dies kann im Unternehmen des Kunden oder auch in Ihrem eigenen geschehen.

Diese erste Kontaktaufnahme sollten Sie sorgfältig vorbereiten. Hüten Sie sich davor, eine eigene „Masche" zu kreieren; ein aufmerksamer Gesprächspartner registriert dies sofort und eine persönliche Unterhaltung kommt kaum zustande. Machen Sie sich vorab eine Checkliste, die Sie während des Gesprächs variabel einsetzen können.

Das richtige Telefonieren, höflich und zielgerichtet, will geübt sein. Zeit ist ein knappes Gut in unseren schnelllebigen Tagen, ein Telefonat lässt sich schneller realisieren als ein persönlicher Besuch. Doch fragen Sie Ihren Gesprächspartner immer zu Beginn, ob Sie eventuell stören oder ob es momentan schwierig für ihn ist, frei zu sprechen.

Bitte überlegen Sie sich von Fall zu Fall, welche Art der Kontaktaufnahme die beste Wahl ist. Wissen Sie, dass der potenzielle Kunde großen Wert auf gepflegte Umgangsformen legt, empfiehlt es sich, den Erstkontakt in schriftlicher Form herzustellen.

Im Folgenden werden Aufbau und Ablauf eines Telefonats dargestellt. Bei diesem Gespräch soll kein Verkauf getätigt, sondern ein Besuchstermin vereinbart werden.

Telefongespräch zur Terminvereinbarung

Ziel

Legen Sie für den Anruf ein realistisches Ziel (beispielsweise einen Termin bei einem potenziellen Kunden) fest.

Eröffnung

Die Eröffnung besteht aus der Begrüßung, Ihrem Vor- und Zunamen, Ihrem Unternehmen und gegebenenfalls dem Ort: „Guten Tag, Herr Wagner, ich bin Lothar Haase vom Management Institut Ruhleder in Bad Harzburg."

Körpersprache

Sitzen Sie aufrecht und entspannt, lächeln Sie.

Namensnennung

Sprechen Sie Ihren Gesprächspartner zwei- bis dreimal mit seinem Namen an. Doch übertreiben Sie bitte nicht! Wiederholen Sie den Namen zu oft, wirkt dies leicht devot und wird schnell als bewusst eingesetzte Erfolgsstrategie entlarvt.

Stimme

Bemühen Sie sich um eine ruhige Stimme und legen Sie hin und wieder eine Pause ein. Dies lässt Sie sympathisch erscheinen und signalisiert Sicherheit.

Aufhänger

Es gibt viele Anlässe, zu denen Sie Kontakt zum Kunden aufnehmen können: eine Empfehlung, ein neues Produkt, eine besondere Gelegenheit, ein kostensparender Service, ein einmaliges Angebot, ein Bericht in der Presse etc. So könnte ich zum Beispiel formulieren: „Herr Wagner, ich rufe auf Empfehlung Ihres Bruders an. Wie Sie ja wissen, führt er mit unserem Institut bereits seit sechs Jahren Seminare durch."

Interesse wecken

Sprechen Sie jetzt die verschiedenen Motive wie Sicherheit, Prestige, Bequemlichkeit, Erfolg, Vorsprung, Alleinvertretungsanspruch, Ersparnis etc. an: „Ihr Bruder sagte mir, dass Sie ein neues Gerät entwickelt haben, das in großer Stückzahl verkauft werden soll. Zur Unterstützung möchten Sie für Ihre Mitarbeiter nun ein Verkaufstraining durchführen."

Einwandbehandlung

Bereiten Sie sich auf alle möglichen Einwände vor. Sagt Ihr Kunde: „Das ist für uns zu teuer", so könnte Ihre Antwort lauten: „Herr Wagner, Ihre Bedenken verstehe ich. Doch die Kosten für ein Training entsprechen nur einem Bruchteil der

Entwicklungskosten Ihres neuen Geräts. Wie viele Mitarbeiter sollen denn an dem Training teilnehmen?"

Nutzenargumentation

Der Kunde muss nun seinen Nutzen, seinen Vorteil erkennen.
Nennen Sie am Telefon nicht zu viele Details, denn wenn der
Kunde glaubt, dass er schon alle wichtigen Informationen
hat, wird er die Notwendigkeit einer Terminvergabe kaum
einsehen. Ich würde folgendermaßen argumentieren: „Der
Vorteil für Ihr Unternehmen ist offensichtlich: Durch eine
gezielte Schulung werden die Präsentationen Ihrer Mitar-
beiter professioneller und Sie können Ihre Preise besser am
Markt platzieren. Wann haben Sie das letzte Training für Ihre
Mitarbeiter durchgeführt?"

Termin oder Gesprächsabschluss

„Ich verstehe, dass Sie für einen Abschluss noch weitere
Detailinformationen benötigen. Ist es Ihnen recht, wenn ich
Ihnen innerhalb der nächsten zwei Tage ein Angebot per
E-Mail zukommen lasse? Danach sollten wir miteinander
sprechen. Am Montag oder Donnerstag der kommenden
Woche, so gegen 15.00 Uhr, könnte ich bei Ihnen sein.
Welcher Termin passt Ihnen besser?"

Freundlicher Gesprächsabschluss

„Herr Wagner, Sie erhalten bis übermorgen das Angebot.
Wir treffen uns dann am Donnerstag gegen 15.00 Uhr in Ih-

rem Büro. Haben Sie herzlichen Dank für das gute Gespräch. Ich wünsche Ihnen noch einen schönen Abend."

Äußere Erscheinung – Bekleidungstipps

Man empfängt nach dem Gewand und entscheidet nach dem Verstand. (russisches Sprichwort)

Der erste Eindruck, den wir von einem Menschen haben, ist ein visueller. Danach formen wir uns unser Bild. In aller Regel dürfen wir davon ausgehen, dass die Menschen so aussehen, wie sie sind. Meist entscheiden die ersten Minuten über Erfolg oder Misserfolg der Verhandlung. Den ersten Eindruck zu revidieren ist gar nicht so einfach.

Überlegen Sie daher, ob Ihr Outfit zu Ihrem Unternehmen, zu Ihrer Stellung und zur Erwartungshaltung Ihres Gesprächspartners passt. Wenn Sie zum Beispiel als Anlageberater mit großen Geldsummen Ihrer Kunden umgehen, wäre es nicht sehr klug, sich allzu modisch zu kleiden und damit Experimentierfreude zu signalisieren. Vertreten Sie jedoch eine Werbeagentur, die von sich behauptet, über eine Vielzahl von kreativen Köpfen zu verfügen, ist es eher von Nachteil, sich zu konservativ zu kleiden.

Entsprechen Sie der Erwartungshaltung, die sich Ihr potenzieller Kunde nach einem erfolgreichen Telefongespräch gemacht hat, so verschafft Ihnen das einen erheblichen Vorteil. Er wird eher Vertrauen zu Ihnen fassen. Also überlegen Sie vorab:

• Wie ist die Erwartungshaltung Ihres Kunden?

- Passt Ihr Äußeres zu Ihrem Unternehmen und Ihrer Position?
- Passt Ihr Outfit zu den Produkten, die Sie anbieten?
- Drückt Ihre Kleidung Ihre Persönlichkeit aus?

Bekleidungstipps für Damen

Als Businessbekleidung empfehlen sich ein Kostüm oder ein Hosenanzug. Vorsicht vor grellen Farben, sie schmälern die Fachkompetenz, die Ihnen zugeschrieben wird. Wählen Sie lieber kleinere Muster und dezente Farben. Dazu passen eine Bluse aus Naturfasern oder ein hochwertiges T-Shirt. Auf der sicheren Seite sind Sie, wenn der Rock etwa bis zum Knie reicht und das Dekolleté am Schlüsselbein endet.

Vermeiden Sie besser alles, was zu weiblich wirken könnte: laute Farben, Pastellfarben, Miniröcke, Spaghettiträger, klappernde Armbänder, übergroße Ohrringe, zu viel Schmuck, extrem hochhackige Schuhe, zu viel Schminke, überlange, farbige Fingernägel, zu intensives Parfum oder eine wallende Mähne. All das führt leicht dazu, dass man Ihnen weniger Fachwissen zuschreibt.

Bekleidungstipps für Herren

Der Dresscode kann von Branche zu Branche sehr variieren. Eine elegante Kombination ersetzt bei uns in Deutschland häufig den klassischen Anzug. Für bestimmte Sparten und im gehobenen Business ist jedoch nach wie vor der dunkle Anzug unerlässlich.

Die Manschetten Ihres Hemdes ragen ca. zwei Zentimeter hervor. Die Anzughose sitzt locker auf der Taille, der Umschlag berührt vorne mit einem leichten Knick den Schuh, von hinten ist die Absatzkante sichtbar. Die Hosenbeine dürfen keine Ziehharmonika bilden. Halten Sie Ihr Jackett stets geschlossen – außer beim Sitzen. Beim Aufstehen jedoch immer schließen.

Das klassische Oberhemd ist weiß oder pastellfarbig. Ein kräftiges Blau ist weniger geeignet, weil es optisch einen starken Bartwuchs gegen Ende des Tages verstärkt. In die Hemdentasche bitte keinen Füllfederhalter oder Kugelschreiber stecken! Die Krawattenspitze endet an der Gürtelschnalle.

Im Sommer erfreuen sich kurzärmelige Hemden mit Krawatte großer Beliebtheit, werden allerdings nicht in allen Branchen akzeptiert.

Die Kleidung sollte nach unten hin dunkler werden. Die Socken wählen Sie also am besten einen Ton dunkler als den Hosensaum. Wenn Sie Kniestrümpfe tragen, laufen Sie nicht Gefahr, beim Sitzen Ihre stachelige Wade zu präsentieren.

Ein absolutes Muss sind perfekt gepflegte dunkle Schnürschuhe mit einer Ledersohle, hier ist Qualität oberstes Gebot. Schuhe mit Lochmuster, Sandalen, Turnschuhe oder Stiefeletten gehören nicht ins Geschäftsleben.

> Für Damen und Herren gilt: Tragen Sie niemals zu enge Kleidung. Die kleinere Größe lässt Sie keinesfalls schlanker erscheinen – im Gegenteil! **!**

Begrüßung

Für den ersten Eindruck gibt es keine zweite Chance.

Die Vorbereitung auf das Gespräch haben wir nun so gut wie möglich durchgeführt. Nun kommt der Moment, in dem Sie dem potenziellen Kunden zum ersten Mal gegenüberstehen, es kommt zum persönlichen Kontakt. Wie diese ersten Minuten ablaufen, ist von entscheidender Bedeutung. Sein Bauchgefühl sagt Ihrem Gegenüber, ob Sie ihm sympathisch sind oder nicht.

Korrekte Namensnennung

Wie heißt es doch: „Nichts ist so schön wie der Klang des eigenen Namens." Tragen Sie dieser Tatsache Rechnung: Sprechen Sie den Kunden mit seinem Namen an. Vergessen Sie bitte eventuell vorhandene Titel nicht, es kann gefährlich sein, von allen Mitmenschen eine lockere Einstellung hierzu zu erwarten. Weglassen dürfen Sie Titel nur, wenn der Träger Ihnen dies ausdrücklich gestattet.

Ihren eigenen Namen nennen Sie am besten in Verbindung mit Ihrem Vornamen. Dies ist besonders wichtig, wenn Sie einen häufig vorkommenden Nachnamen tragen. Auf diese Weise wird aus einem neutralen „Müller" ein persönlicher „Peter Müller". Stellen Sie sich mit Vor- und Zunamen vor, kann es sich Ihr Gesprächspartner auch besser merken. Anschließend nennen Sie den Namen Ihres Unternehmens.

Einen falschen Namen zu nennen ist sehr unangenehm und führt leicht zu einer Verstimmung bei Ihrem Gegenüber. Im

Zweifelsfall ist es besser, zu seinem schlechten Namensgedächtnis zu stehen.

Um Ihrem Gesprächspartner die Peinlichkeit zu ersparen, dass er Sie mit einem falschen Namen anspricht, sollten Sie folgenden Tipp beherzigen:

Überreichen Sie Ihrem Kunden Ihre Visitenkarte. Halten Sie diese am besten auf halber Höhe, mit der Schrift zum Empfänger. (Ihre Hände sollten natürlich den bestmöglichen Pflegezustand aufweisen.) Meist wird Ihnen Ihr Gesprächspartner nun auch seine Karte geben. Falls nicht, können Sie freundlich darum bitten.

Nun wissen Sie den korrekten Namen Ihres Gegenübers. Mit der Visitenkarte erhalten Sie auch Kenntnis über seine Stellung im Unternehmen, eventuell auch über sein Berufsbild. Durch diese Informationen bekommen Sie Hinweise, worüber Sie geschickt Small Talk führen können.

Nehmen an der Besprechung mehrere Personen teil, können Sie die Karten vor sich auf den Tisch legen. So prägen Sie sich die Namen besser ein. Sprechen Sie die Teilnehmer von Zeit zu Zeit namentlich an, jedoch nicht zu häufig.

Der korrekte Handschlag

Wie oft haben Sie sich schon überlegt, ob Sie bei der Begrüßung die Initiative ergreifen und dem anderen die Hand reichen sollten? Wer reicht wem die Hand? Der Gastgeber dem Gast? Der Ältere dem Jüngeren? Der Einkäufer dem Verkäufer? Die Dame dem Herrn? Und selbst wenn Sie sicher sind, dass Sie die Regeln perfekt beherrschen, kennt sie Ihr Gegenüber auch? Unangenehm ist es, wenn Sie Ihre trockene, warme Hand spontan jemandem entgegenstrecken, der gerade kalte, schweißnasse Handflächen hat.

Doch wie machen Sie es richtig? Gehen Sie auf den anderen zu, halten Sie Ihre rechte Hand locker in Gürtelhöhe und warten Sie auf seine Reaktion. Hierdurch signalisieren Sie Grußbereitschaft. Beobachten Sie aufmerksam. Reicht der andere Ihnen nun die Hand, brauchen Sie Ihre eigene nur noch ein wenig nach vorne zu bringen.

Kommt es dann zum Handschlag, so dosieren Sie den Druck, den Sie ausüben. Ein lascher Händedruck wirkt ängstlich, unentschlossen und wenig überzeugend. Zu starken Druck sollten Sie jedoch vermeiden, besonders dann, wenn Sie eine Dame begrüßen. Ein zu starker Händedruck wirkt ungewollt dominant. Ein fester, wohldosierter Handschlag signalisiert Selbstbewusstsein, Entschlossenheit und Souveränität. Halten Sie die Hand Ihres Gegenübers nicht zu lange fest, dies wirkt zu vertraulich und distanzlos. Schütteln Sie die dargebotene Hand ein-, zweimal, dann lockern Sie den Griff. Nun kann der andere entscheiden, ob losgelassen werden soll.

Small Talk

Jedes Gespräch sollte mit Small Talk beginnen und auch enden. Beherrschen Sie dies nicht, fallen Sie mit der Tür ins Haus. Sprechen Sie also zunächst nicht über Ihre Verkaufsabsichten, sondern schaffen Sie vorab eine angenehme, entspannte Gesprächsatmosphäre. Hierdurch vermitteln Sie

Ihrem Kunden das Gefühl, dass Sie an seiner Person interessiert sind und nicht allein an einem Auftrag.

Die Frage „Wie geht es Ihnen?" wirkt meist als Floskel. Stellen Sie sie also nur in Ausnahmefällen. Sonst ist die Gefahr groß, dass der andere auch mit einer solchen antwortet: „Wie soll es schon gehen?", „Es geht so …" etc. Antwortet er gar: „Schlecht, die Geschäfte laufen miserabel …", ist es schwer, wieder eine positive Gesprächssituation herzustellen.

Damit Ihnen das erspart bleibt, wählen Sie besser einen Einstieg, mit dem Sie Interesse an der Person zeigen. Finden Sie ein Thema, das Sie beide interessant finden. Vielleicht hat er Ihnen beim letzten Gespräch am Ende erzählt, dass er eine Fahrradtour unternehmen möchte, in den Skiurlaub aufbricht oder ein neues Auto bestellt hat.

Solche Informationen bieten hervorragende Aufhänger für einen geschickten Gesprächseinstieg. Starten Sie beispielsweise mit: „Guten Tag, Herr Wagner, Sie sehen so erholt aus, wie war der Urlaub?"

In aller Regel wird Herr Wagner Ihnen nun gerne ein wenig erzählen – und Sie brauchen nur noch aktiv zuzuhören. Halten Sie diese „Gesprächsaufhänger" sicherheitshalber schriftlich fest.

Häufig werde ich bei Seminaren gefragt, welches Einstiegsthema sich eignet, wenn man den Gesprächspartner noch gar nicht kennt. Bereiten Sie sich auf diese Situation vor und sammeln Sie Informationen über das betreffende Unternehmen. Dann wird es Ihnen leichter fallen, ein geeignetes Thema für Ihren Gesprächseinstieg zu finden.

Es könnte auch sein, dass der Kunde Sie mit einem guten Einstiegsthema empfängt. In diesem Fall lassen Sie sich am besten darauf ein und stellen Ihren geplanten Einstieg zurück. Zeigen Sie Interesse an den Ausführungen Ihres Gegenübers, hören Sie aktiv zu und stellen Sie ergänzende Fragen. Danach lenken Sie die Unterhaltung geschickt auf hoffentlich erfolgreiche gemeinsame Geschäfte. Nun haben Sie den Einstieg in die Fachphase professionell gemeistert.

Auf den Punkt gebracht

Der erste Eindruck ist entscheidend. Unterschätzen Sie nicht die Wirkung von einem gekonnten Small Talk. Bereiten Sie stets einen passenden Gesprächseinstieg vor. Sollte Ihr Gesprächspartner ein Thema ansprechen, so zeigen Sie daran Interesse und stellen Ihren geplanten Einstieg zurück.

Das Gespräch vorbereiten

Die Vorbereitung auf ein Verkaufsgespräch kann – je nach Produkt oder Dienstleistung – sehr unterschiedlich sein. Auf jeden Fall gehört dazu, dass sich der Verkäufer ein umfassendes und realistisches Bild von den Gegebenheiten des Marktes, dem bestehenden Wettbewerb, den angebotenen Produkten, vom Kunden und dessen Unternehmen macht. Im Mittelpunkt seiner Bemühungen sollte stehen, sich möglichst viele Informationen über das Unternehmen des Interessenten zu beschaffen. Von ausschlaggebender Bedeutung ist es, sich bereits im Vorfeld Gedanken über den Kundennutzen zu machen. Der Begriff „Kundennutzen" wird Sie durch das gesamte Buch begleiten, denn Sie sollten ihn stets in den Mittelpunkt des Verkaufsgesprächs stellen. Nehmen Sie also gleich zu Beginn den „Sie-Standpunkt" ein. Das bedeutet: Sehen Sie die Welt aus der Sicht Ihres Kunden.

> Nicht was Sie oder Ihr Unternehmen möchten, entscheidet über den Verkaufsabschluss, sondern das, was dem Kunden wichtig ist, welchen Nutzen er für sich erkennt. Nur auf diese Weise werden Sie zu einem geschätzten, dauerhaften Geschäftspartner.

Informieren Sie sich über das Unternehmen:

- Produkte/Dienstleistungen
- Verkaufsprogramm
- Produktionsstätten

- Mitarbeiter
- Internetauftritt
- Stärken und Schwächen
- Werbung
- Forschung und Entwicklung
- Image
- Leistungsvermögen
- finanzielle Situation
- Wettbewerb

Informieren Sie sich über Ihren Verhandlungspartner:

- Stellung im Unternehmen
- Entscheidungsbefugnis
- berufliche Entwicklung
- Hobbys und Interessen
- Welche Ziele verfolgt er?
- Welche Vorlieben bestehen?
- Welche Abneigungen gibt es?
- Welchen Nutzen erwartet er?
- Welche Einwände wird er erheben?

Kundennutzen und -motive

Hin und wieder befinden auch Sie sich in der Rolle des Käufers. Es werden Ihnen Produkte oder Dienstleistungen angeboten. Je eher Sie den Nutzen für sich entdecken, desto leichter werden Sie die Entscheidung fällen, das Angebot zu akzeptieren. Haben Sie Ihren persönlichen Vorteil entdeckt, werden Sie das Geschäft gewiss mit einem guten Gefühl verlassen. Sie kennen sicher einige Geschäfte, die Sie mit Vorliebe aufsuchen, weil Sie sich gern von einer bestimmten Verkäuferin/einem bestimmten Verkäufer bedienen lassen. Aus welchen Gründen tun Sie das? Wahrscheinlich deshalb, weil diese Menschen Ihre Wünsche erahnen können, Ihre Motive verstehen. Haben Sie sich diese Frage bewusst gestellt, wird es Ihnen leichtfallen, diese Erkenntnis auch auf Ihre Kunden anzuwenden. Menschen sind sehr verschieden – dies gilt auch für Ihre Geschäftspartner. Es gibt unterschiedliche Kundentypen, die Sie keinesfalls alle gleich behandeln können. Wichtig ist, dass Sie die verschiedenen Kaufmotive erkennen und danach Ihre Strategie wählen.

Am sinnvollsten ist es, in drei Schritten vorzugehen.

• Zuerst werden Sie sich darüber klar, welche charakteristischen Merkmale Sie bei Ihrem Kunden finden: Wie ist sein Büro eingerichtet? Welche Kleidung bevorzugt er? Welchen Wagentyp fährt er? Wie schätzen Sie sein Umfeld ein?

• Als Nächstes fragen Sie sich: Aus welchen Gründen bevorzugt er diese Einrichtung, diese Kleidung, dieses Auto etc.? Welches sind seine Motive, sich so und nicht anders zu verhalten?

- Nun erst legen Sie für sich fest, wie Sie den Gesprächspartner behandeln wollen, welche Strategie Sie wählen.

Je häufiger Sie diese Methode einsetzen, desto leichter fällt
sie Ihnen und desto wirkungsvoller ist sie.

> Rufen Sie sich Verkaufsgespräche in Erinnerung, in de-
> nen Sie besonders erfolgreich waren. Ganz sicher ha-
> ben Sie in diesen Verhandlungen das Motiv, also den
> Beweggrund, Ihrer Kunden besonders berücksichtigt.

Unterschiedliche Kundentypen

Versuchen Sie stets, die Welt aus der Sicht Ihres Kunden zu
sehen. Erkunden Sie seine aktuellen Bedürfnisse, genauen
Vorstellungen und geheimen Wünsche. Stellen Sie immer
den Kundennutzen in den Vordergrund Ihrer Ausführungen.
Gelingt Ihnen dies nicht, werden Sie es schwer haben, Ihre
Leistungen überzeugend zu verkaufen, mögen sie auch noch
so hervorragend sein.

Sie treffen bei Ihren Verkaufsverhandlungen auf viele verschiedene Menschentypen. Jedem auf seine Weise gerecht
zu werden ist eine echte Herausforderung an Ihr Einfühlungsvermögen und Ihr Taktgefühl. Gelingt es Ihnen jedoch,
sich auf die Persönlichkeit Ihres Kunden einzustellen, werden
Sie in den meisten Fällen auch Erfolg haben. Natürlich sind
auch Verkäufer, die nicht über diese Flexibilität verfügen
und ein im Laufe ihrer Tätigkeit eingefahrenes Repertoire
haben, bisweilen erfolgreich. Doch die individuelle Behand-

lung jedes einzelnen Kunden wird Ihren Umsatz ganz sicher steigern.

Wir werden im Folgenden sechs verschiedene Kundenty-pen behandeln. Klassische Kundentypen, die genau und ausschließlich über die beschriebenen Eigenschaften verfü-gen, gibt es allerdings nicht. Wir treffen in aller Regel auf Mischungen aus verschiedenen Charakteren. An Grund-merkmalen lassen sich die einzelnen Menschentypen jedoch festmachen. Dieses Kapitel soll es Ihnen ermöglichen, in einem Dreischritt-Verfahren auf die speziellen Verhaltens-weisen einzugehen.

> Neben Ihrem Engagement und Ihrer Sachkenntnis ge-hört das individuelle Eingehen auf jeden Kunden zu den wichtigsten Voraussetzungen für Ihren Verkaufserfolg. **!**

Hier noch einmal kurz das Dreischritt-Verfahren zur optima-len Behandlung unterschiedlicher Kundentypen: Ergründen Sie

• das charakteristische Verhalten,

• die Motive (Beweggründe),

• Strategie und Behandlung.

Nach diesem Schema werden wir nun sechs Typen analy-sieren. Wenn Sie einen Kunden nicht eindeutig auf einen bestimmten Typ festlegen können, empfehle ich dennoch, diese Schritte vorzunehmen.

Der Nörgler

Charakteristisches Verhalten

Für Verkäufer ohne lange Praxiserfahrung ist der Nörgler ein schwieriger Menschentyp. Er verbreitet meist schlechte Laune, hat an allem etwas auszusetzen und argumentiert stets negativ. Selbst gute Ideen erkennt er nicht an und lehnt aus Prinzip alles ab. Er ist mit sich und der Welt unzufrieden. Sie hoffen auf einen neuen Auftrag – er nörgelt bezüglich der Abwicklung des vorherigen.

Motive

Meist haben den Nörgler negative Erfahrungen geprägt. Jeder Mensch hat in seinem Leben unschöne Erlebnisse durchgestanden, doch wir gehen unterschiedlich damit um. Dieser Menschentyp ist im Grunde sehr sensibel und fürchtet sich vor weiteren Nackenschlägen. Durch sein pessimistisches Verhalten versucht der Nörgler, sich vor Misserfolgen zu schützen. Es kann auch sein, dass er sich Vorteile durch seine Haltung verspricht und hofft, Sie „weichzukochen".

Strategie und Behandlung

Lassen Sie sich durch das Verhalten des Nörglers nicht in negative Stimmung versetzen. Vielleicht blufft er ja nur? Signalisieren Sie Verständnis für sein Verhalten. Üben Sie sich in Geduld und stellen Sie offene Fragen aus seinem Fachbereich. Versuchen Sie, ihn durch Freundlichkeit „aufzutauen" – damit rechnet er im Vorhinein nicht. Hat er erst ein Gefühl von Sicherheit, wird er sich eher ein wenig öffnen. Verschaffen Sie ihm, wenn möglich, ein Erfolgserlebnis – auch das wird ihn angenehm überraschen und womöglich wird er auf diese Weise zum zufriedenen Dauerkunden.

Der Pedant

Charakteristisches Verhalten

Diesen Kundentypen mögen viele nicht. Zu Beginn des Gesprächs wirkt er meist sehr spröde. Sind Sie ein positiver, weltoffener Verkäufer, prallen hier Welten aufeinander. Der pedantische Einkäufer ist detailversessen, kontrolliert jede Kleinigkeit und liest häufig auch das Kleingedruckte. Vielleicht auch gleich zweimal, um auch wirklich sicherzugehen. Seine Lieblingslektüre könnte das Handelsgesetzbuch sein. Er ist begeistert von Abläufen, die er persönlich planen und leicht überschauen kann. Sein Arbeitsplatz ist penibel aufgeräumt, seine Kleidung konservativ-korrekt.

Motive

Meist ist diese Form des Verhaltens durch eine Prägung im Elternhaus entstanden. Womöglich übten die Eltern Berufe aus, in denen Genauigkeit eine hohe Wertigkeit hatte. Hierzu gehören beispielsweise Apotheker, Buchhalter, Finanzprüfer oder Statiker. Es sind Berufe, in denen es gravierende Folgen haben kann, wenn Fehler gemacht werden.

Strategie und Behandlung

Schlagen Sie den Pedanten mit seinen eigenen Waffen. Verhalten Sie sich noch genauer und disziplinierter als er selbst.

Befriedigen Sie sein Verlangen nach detailversessenem, korrektem Verhalten. Für ihn zählen keine schönen Worte, sondern nüchterne Fakten – Bilanzen, Listen, Normen, Gesetze und die absolute Einhaltung von Vereinbarungen. Bestätigen Sie sicherheitshalber alles schriftlich und erscheinen Sie auf die Minute pünktlich. Oberstes Gesetz: Nennen Sie nur beweisbare Daten und Fakten. Der Umgang mit solchen Mitmenschen gestaltet sich am Anfang recht schwierig. Sie verfügen jedoch durchaus auch über positive Seiten: Sie sind genau, zuverlässig und berechenbar. Bei diesen Kunden müssen Sie normalerweise nicht lange auf die Begleichung der Rechnung warten. Wenn Sie auf die Erwartungen dieser Kunden eingehen, fällt es in der Regel nicht schwer, sie als Dauerkunden zu gewinnen.

Der Listige

Charakteristisches Verhalten

Warum gelten Füchse allgemein als erfolgreiche Jäger? Weil ihnen die Eigenschaft zugeschrieben wird, außergewöhnlich listig zu sein. Menschen, die als listig gelten, werden sicherlich nicht von allen geliebt – gewiss auch nicht von Verkäufern. Dieser Kundentyp neigt dazu, unannehmbare Forderungen zu stellen, was dazu führen kann, dass er größere Vorteile erzielt als der normale Kunde. Listige Kunden gebärden sich spitzfindig und polemisch, was beim Verkäufer unter Umständen Unsicherheit erzeugt. Doch sind Sie oft erfolgreich. Damit Sie nicht im Nachhinein das Gefühl haben, „über den Tisch gezogen" worden zu sein, ist es ratsam, sich rechtzeitig auf diesen Kundentyp einzustellen.

Motive

Listige Kunden wollen unter allen Umständen erfolgreicher agieren als andere. In der Wahl ihrer Mittel sind Sie keinesfalls zimperlich, denn ihr Credo lautet Erfolg und Gewinn.

Strategie und Behandlung

Bleiben Sie ruhig und gelassen. Hören Sie aufmerksam und aktiv zu und gehen Sie nicht auf überzogene Forderungen ein. Zeigen Sie in jedem Fall Rückgrat und erläutern Sie Ihre Position höflich in der Form, aber bestimmt im Inhalt. Legen Sie dar, warum Sie auf diese Konditionen nicht eingehen können. Lassen Sie sich bitte nicht bluffen! Der listige Kunde soll merken, dass Sie seine Absichten erkannt haben. Eine geschickte Fragetechnik hilft Ihnen in jedem Fall weiter. Nutzen Sie die latente Gewinnsucht des listigen Kunden aus. Vielleicht können Sie den Preis vorab ein wenig höher ansetzen und ihm danach in dieser Hinsicht ein wenig entgegenkommen? Wenn er dann überzeugt ist, einen besseren Preis als der „normale" Kunde ausgehandelt zu haben, wird er eher zufrieden sein und zustimmen. So haben Sie ihn mit seinen eigenen Waffen geschlagen. Als Dauerkunde ist er jedoch schwierig, denn er wird sein Verhalten auch nach jahrelangem Geschäftskontakt kaum ändern.

Der Arrogante

Charakteristisches Verhalten

Arrogante Einkäufer wecken bei Verkäufern allzu häufig Aggressionen. Bedenken Sie jedoch, dass dieser Kundentyp durch sein Verhalten häufig einen Schutzwall um sich aufbaut, da er unsicher ist. Es ist ihm ein Vergnügen, Sie spüren zu lassen, wie überaus erfolgreich er ist. Statussymbole sind ihm sehr wichtig; durch klangvolle Titel, protzige Autos, eine aufwendige Einrichtung etc. dokumentiert er seine Bedeutung. Solche Menschen wirken unnahbar, sprechen hauptsächlich über sind selbst und neigen zu überzogenen Aussagen. Mit Sarkasmus und ironischen Bemerkungen versuchen sie, ihr Gegenüber zu verunsichern. Ganz bestimmt würden Sie, hätten Sie die Wahl, mit solchen Menschen nicht in eine Geschäftsbeziehung treten.

Motive

Solche Menschen wirken oft sehr sicher, da sie einen routinierten Auftritt beherrschen und erfolgreich sind – oder jedenfalls so erscheinen. Doch woher kommt ihr arrogantes Benehmen? Vielleicht haben sie bereits in der Kindheit erlernt, sich über andere Menschen zu stellen, weil ihnen suggeriert wurde, etwas Besseres zu sein. Es kann aber auch sein, dass sie aus ganz einfachen Verhältnissen stammen und unverhofft zu Geld gekommen sind. Wir bezeichnen solche Menschen gern als „neureich". Die Motive sind von Fall zu Fall verschieden, doch oft steht hinter dieser glatten Fassade ein recht unsicherer Mensch, der keinesfalls so souverän ist, wie er erscheinen möchte – ganz im Gegenteil.

Strategie und Behandlung

Ist es überhaupt möglich, mit solchen Kunden geschickt umzugehen? Ich denke schon! Obwohl sie jede Chance nutzen werden, sich in den Vordergrund zu spielen. Wenn Sie diesen Menschentyp angreifen und durchblicken lassen, was Sie von ihm halten, wird sich seine Arroganz eher noch verstärken. Verhalten Sie sich zu nachgiebig, wird er es genießen, Sie herablassend zu behandeln. Meist scharen solche Menschen Jasager um sich, mit denen sie nach Lust und Laune umspringen können. Es gibt nur einen Weg, mit einem solch schwierigen Kunden auszukommen: Ihr Fachwissen muss das seine weitaus übertreffen. Darüber hinaus bleiben sie verbindlich und stets freundlich, jedoch hart in der Sache. Bringen Sie klar zum Ausdruck, dass Sie von Ihrem Konzept überzeugt sind und sich nicht in der Rolle des Bittstellers befinden. Fühlen Sie sich persönlich getroffen, so seien Sie souverän und lassen Sie sich die Kränkung nicht anmerken. Wenn Sie die Ruhe bewahren, wird auch dieser unangenehme Kundentyp merken, dass er Ihnen auf Augenhöhe begegnen muss. Denken Sie stets daran: Niemand kann einen Streit mit einem Käufer gewinnen!

Der Bissige

Charakteristisches Verhalten

Es wird Ihnen im Berufsleben auf Dauer nicht erspart bleiben, auf streitsüchtige, ungerechte Menschen zu treffen. Diese Kunden sind launisch und unbeherrscht. Eine hohe Lautstärke, verbale Provokationen und persönliche Angriffe gehören zu ihrem Wesen. Mit Vergnügen brechen sie Streitgespräche vom Zaun und vergiften somit die Atmosphäre. Oft ist dieses dominierende Verhalten eine bewusst eingesetzte Strategie, um sich Vorteile zu verschaffen. Um mit einem solchen Kunden ein Verkaufsgespräch mit normaler „Gesprächstemperatur" zu führen, sollten Sie systematisch vorgehen.

Motive

Auch bei diesen Menschen können negative Prägungen im Laufe des Lebens der Grund für ihr ruppiges Gebaren sein. Oft haben sie im Privaten und Beruflichen einen dornigen Weg beschreiten müssen, der sie hart und ungerecht gemacht hat. Es kann auch sein, dass in ihrer Jugend die Menschen, die sie geprägt haben, ihre Vorbildfunktion im schlechten Sinne erfüllt haben. Wie dem auch sei, zwischenzeitlich ist dieser Kundentyp verbittert und möchte sich – meist unbewusst – für das erlittene Unrecht an seinen Mitmenschen rächen.

Strategie und Behandlung

Es ist gewiss kein Vergnügen, mit solchen Menschen verhandeln zu müssen. Die Gefahr, dass Sie in ein hitziges Streitgespräch geraten, ist größer als bei anderen Kundentypen. Wenn Sie sich jedoch an einige Regeln halten, können Sie auch hier zu einem erfolgreichen Abschluss kommen. Lassen Sie sich keinesfalls provozieren, bewahren Sie Haltung!

Lassen Sie diesen Kundentyp unbedingt ausreden und hören Sie aktiv zu. Durch ein bestätigendes Kopfnicken oder Äußerungen wie „richtig", „ich verstehe Sie", „ich stimme Ihnen zu" zeigen Sie ihm, dass Sie seinen Worten folgen. Selbst wenn er unfair argumentiert – bleiben Sie ruhig und lassen Sie sich niemals in einen Streit verwickeln. Es ist gewiss sehr schwer, die Fassung zu bewahren, wenn jemand die Unwahrheit sagt. Doch auch in diesem Fall ist es besser, nicht zu widersprechen. Fragen Sie lieber, an welchem Beispiel er seine Behauptung festmacht. Auf diese Weise wird sich die Stimmung nach und nach verbessern. Dies ist die Voraussetzung dafür, dass das Gespräch ein erfolgreiches Ende nimmt. Denn nur in einer positiven Atmosphäre lassen sich die erwünschten Ergebnisse erzielen. Bemühen Sie sich, die guten Eigenschaften dieses schwierigen Kundentyps zu entdecken. Suchen Sie eine gemeinsame Basis – es gibt sie fast immer! Es sei denn, Ihr Gesprächspartner ist ein ausgesprochener Choleriker, doch darauf möchte ich im Folgenden eingehen.

Der Choleriker

Charakteristisches Verhalten

Dieser Menschentyp ist unberechenbar. Die „Gesprächstemperatur" kann sich von einer Minute zur anderen dramatisch erhöhen. Unversehens steigt die Lautstärke an und das Sprechtempo beschleunigt sich. Das Gesicht Ihres Gegenübers verliert jede Freundlichkeit und läuft vielleicht rot an, da der Blutdruck steigt. Es kann sein, dass die Halsschlagader anschwillt, ein deutliches Zeichen dafür, dass ein Wutanfall bevorsteht. Der Oberkörper kommt nach vorne, die Gesten werden aggressiv. In dieser aufgeheizten Atmosphäre ist eine sachliche Diskussion nicht mehr möglich. Die Fronten sind verhärtet, die Muskeln spannen sich an und die Denkvorgänge sind deutlich reduziert.

Motive

Die Gründe für ein solches Verhalten liegen, ähnlich wie im vorhergehenden Fall, in negativen Erfahrungen, Frustrationen und Enttäuschungen.

Der Körper produziert in der Nebennierenrinde ein Übermaß an Adrenalin, das über die Hypophyse zum Stammhirn gelangt. Dort löst es dann die von der Umwelt gefürchteten Wutanfälle aus. Der Choleriker hat sich nun nicht mehr im Griff, er kann sein Verhalten nicht kontrollieren und nicht gegensteuern. Nun liegt es allein in Ihrer Hand, die verfahrene Situation doch noch zu retten.

Strategie und Behandlung

Versuchen Sie nicht, Gegenargumente zu finden, Ihr Gesprächspartner wird Ihnen nicht mehr zuhören. Legen Sie Ihrerseits nun ebenfalls ein aggressives Verhalten an den Tag, wird die Unterhaltung garantiert eskalieren.

- Bleiben Sie daher so ruhig und gelassen wie möglich.

- Begeben Sie sich auf die persönliche Ebene und geben Sie ihm unbedingt das Gefühl, dass Sie ihn ernst nehmen.

- Ihr Gegenüber braucht etwas Zeit, Dampf abzulassen, damit das überschüssige Adrenalin abgebaut werden kann.

- Erst dann haben Sie die Chance, in eine ruhigere Gangart zu schalten.

- Wenn möglich, schlagen Sie eine Pause vor oder – falls Sie keine Chance sehen, dass sich die Lage normalisiert – vereinbaren Sie einen neuen Termin.

Wenn es Ihnen gelingt, Ihren cholerischen Kunden das Gesicht wahren zu lassen, wird er eher über sein Verhalten nachdenken und sich beim nächsten Treffen vielleicht sogar bei Ihnen entschuldigen. Er wird Ihnen dankbar sein, dass Sie die Situation nach Kräften entschärft haben.

Diese Strategie erfordert gewiss ein hohes Maß an Selbstbeherrschung und Souveränität. Doch es lohnt sich, dahin gehend an sich zu arbeiten – es gibt keinen besseren Weg.

Der angenehme Dauerkunde

Dies sind sicher Ihre Lieblingskunden, die Ihnen regelmäßig gute Umsätze bringen. Sie schätzen an ihnen ihre Freundlichkeit, ihre Sachlichkeit und ihre kultivierten Umgangsformen. Es fällt Ihnen nicht schwer, diese Menschen besonders aufmerksam und zuvorkommend zu behandeln. Und das sollten Sie auch, denn sonst besteht die Gefahr, dass sich dieser nette Mitmensch eines Tages wie einer der zuvor genannten Kundentypen verhält.

Bestimmt können Sie einige der genannten Tipps anwenden. Doch vermeiden Sie schmeichlerische Übertreibungen und halten Sie sich immer an die Wahrheit. Bleiben Sie auch in schwierigen Situationen Ihrem Wesen treu und verhalten Sie sich so natürlich wie möglich.

> **Auf den Punkt gebracht**
>
> Meist werden Ihre Gesprächspartner nicht in jedem Punkt
> den oben genannten Kundentypen entsprechen. Wenn
> Sie im Vorfeld die drei Überlegungen
>
> - charakteristisches Verhalten,
> - Motive/Beweggründe und
> - Strategie/Behandlung
>
> anstellen, werden Sie auch mit schwierigeren Kunden
> gute Umsätze tätigen.

Welche Strategie führt zum Auftrag?

Strategie

Ihre Strategie ist ein zielgenaues, detailliert vorbereitetes
Vorgehen zur Durchsetzung Ihrer Ziele.

Professionelle Vorbereitung

Stellen Sie sich, so gut Ihnen dies möglich ist, auf das betreffende Unternehmen und Ihren Gesprächspartner ein. Sie
sollten über mehr Informationen und Fachwissen als Ihr Gegenüber verfügen, das gibt Ihnen ein Gefühl der Sicherheit.

Kundennutzen

Welchen Nutzen verspricht sich Ihr Kunde von Ihren Produkten und Dienstleistungen? Versuchen Sie stets, den Blick-

punkt Ihres Gegenübers anzunehmen und die Welt aus seiner Perspektive zu betrachten.

Ziele

Setzen Sie sich realistische Ziele für Ihr Kundengespräch. Halten Sie diese Ziele schriftlich fest.

Ziele und Interessen des Kunden

Überlegen Sie vor Beginn, wie Sie die Ziele Ihres Kunden und Ihre eigenen in Einklang bringen können.

Gesprächsatmosphäre

Sitzordnung und Beleuchtung sollten für alle Teilnehmer angenehm sein. Sorgen Sie dafür, dass Sie keinesfalls gestört werden, und vergessen Sie nicht, für Getränke und eventuell einen kleinen Imbiss zu sorgen.

Plan B

Denken Sie rechtzeitig über eine Alternative nach. Sollte Plan A Ihren Kunden nicht überzeugen, sollten Sie darauf vorbereitet sein, ihm einen anderen Vorschlag zu machen. Sind Sie dies nicht, so ist wahrscheinlich das Verkaufsgespräch zu Ende und der Abschluss erst einmal dahin.

Verkaufsmasche

Gehen Sie bei Verkaufsverhandlungen nicht nach einem starren Konzept vor. In Gesprächen versierte Kunden erkennen die Methode und sind dann meist verstimmt. Versuchen Sie, die Gedanken Ihres Gegenübers zu erkunden, und variieren Sie in Ihrer Argumentation.

Emotionen

Das Verhalten Ihres Verhandlungspartners wird nicht immer Ihre Zustimmung finden. Werten Sie weder durch Worte noch durch Ihre Mimik oder Gestik. Halten Sie Ihre Emotionen immer unter Kontrolle und trennen Sie die Sachebene von der persönlichen Ebene. Achten Sie darauf, dass Sie in jeder Lage souverän und gelassen wirken – auch dann, wenn Sie sehr verärgert sind.

Abschlussvorteile

Die meisten Kunden sind eher geneigt, einen Abschluss zu tätigen, wenn ihnen im Vorfeld ein Vorteil aufgezeigt wird. Zugeständnisse sollten Sie jedoch nur dann machen, wenn Ihr Gesprächspartner Ihnen ebenfalls entgegenkommt. Sie gewähren beispielsweise eine Sonderkondition, dafür möchten Sie die Liefermenge erhöhen.

Auf den Punkt gebracht

Seien Sie ein guter Stratege und verwenden Sie stets die richtige Taktik. So zeigen Sie Professionalität und maximieren Ihren Erfolg!

Leitfaden für die Vorbereitung von Verkaufsgesprächen

Diesen Leitfaden habe ich mit etwa 300 Verkäufern in ungefähr 30 Verkaufsseminaren erarbeitet. Sie erhalten daher praxisnahe Tipps für Ihre Gesprächsvorbereitung.

- Haben Sie den richtigen Ort für Ihre Besprechung gewählt?
- Wer nimmt daran teil?
- Haben Sie sich optimal auf Ihre Gesprächspartner eingestellt?
- Steht der Zeitraum fest?
- Haben Sie das Gespräch strukturiert?
- Haben Sie in Ihrem Unternehmen Preise und Zahlungsbedingungen abgesprochen?
- Haben Sie das Leistungsverzeichnis oder die Anfrage gründlich gelesen?
- Haben Sie sich realistische Ziele gesetzt?
- Wird ein Protokoll erstellt? Wer ist dafür zuständig?
- Welche Prioritäten setzt Ihr Kunde, welche Ihr Unternehmen?
- Haben Sie Beispiele, Argumente und Vergleiche vorbereitet?
- Welche Termine sind zu beachten?
- Was können Sie minimal/maximal erreichen?

- Wer führt die Verhandlung (wenn mehrere Personen beteiligt sind)?
- Sind Störungen ausgeschlossen?
- Haben Sie sich eventuell mit anderen Abteilungen abgestimmt?
- Wie werden Sie die Präsentation gestalten?
- Haben Sie sich auf Einwände vorbereitet?
- Ist Ihre Preisargumentation geschickt aufgebaut?
- Welche Abschlusstechniken wollen Sie einsetzen?
- Wie wird der Wettbewerb agieren, welche Vor- und Nachteile hat er?
- Wodurch wollen Sie sich vom Wettbewerb unterscheiden?
- Haben Sie Entscheidungshilfen vorbereitet?
- Wie erzeugen Sie eine positive Atmosphäre?

Auf den Punkt gebracht

Eine professionelle Vorbereitung ist die Grundlage für den Erfolg. Je wichtiger das Gespräch ist, desto intensiver sollte die Vorbereitung sein.

Das Fachgespräch führen

Zu Beginn der Fachphase empfehle ich Ihnen eine erste kurze Produktpräsentation. Bedürfen die Produkte oder Dienstleistungen, die Sie anbieten, näherer Erläuterungen, kann diese Einführung auch etwas umfassender sein. Überlegen Sie bei der Gestaltung Ihrer Präsentation, wie Sie das größtmögliche Interesse des Kunden wecken können. Nach der Bedarfsanalyse und der Preisargumentation kann eine zweite, detaillierte Präsentation stattfinden, bei der Sie auch auf Einwände des Interessenten eingehen.

Bedarfsanalyse

> *Das Geheimnis des Erfolgs ist, den Standpunkt des anderen zu verstehen. (Henry Ford)*

Es ist wichtig für Ihren Erfolg, dass Sie den Bedarf bzw. die Bedürfnisse Ihres Kunden genau erfassen. Von der Qualität dieser Analyse hängt der Geschäftsabschluss entscheidend ab.

Je besser Sie über den Bedarf Ihres Kunden informiert sind, desto besser können Sie Ihre Leistungen und Produkte danach ausrichten. Sie erhalten die notwendigen Informationen, indem Sie offene Fragen stellen. Es sind Fragen, die mit einem „W" beginnen: wer, wie, wann, wieso, weshalb, was, welche, womit, wodurch, wie viel, wie häufig. Das Wort „warum" setzen Sie bitte nur dann ein, wenn Sie Ihren Gesprächspartner aus der Reserve locken wollen. Denn die Formulierung „warum" kann zu Trotzreaktionen führen. Denken Sie an Ihre Kindheit! Auf die Frage „Warum?" kam oft die Antwort „Darum!". Holen Sie geschickt das Einverständnis Ihres Kunden ein, ihm einige Fragen zu stellen. Sie möchten sicher nicht in den Verdacht kommen, ihn verhören zu wollen. Bitten Sie ihn beispielsweise: „Herr Wagner, für ein genaues Angebot benötige ich einige Informationen. Darf ich Ihnen ein paar Fragen stellen?" Gewiss wird er zustimmen und Sie können folgende Punkte abklären:

- Wie ist Ihre jetzige Situation?

- Wie ist der Produktzyklus?

- Wie gut sind Sie über die Leistungen unseres Unternehmens informiert?

- Welche unserer Produktneuheiten gefallen Ihnen am besten?

- Wo hatten Sie in der Vergangenheit die größten Probleme?

- Worauf legen Ihre Kunden besonders viel wert?

- Welche Eigenschaften unserer Produkte sind besonders wichtig für Sie?

- Wobei erwarten Sie unsere Unterstützung?

- Wann planen Sie den Produktionsbeginn?

- Wie gefallen Ihnen unsere neuen Produkte?

- Welche Fragen haben Sie noch an mich?

Helfen Sie Ihrem Kunden bei der Orientierung, denn bei der großen Zahl von Anbietern ist es schwierig für ihn, den richtige zu finden. Häufig ist der Interessent bei der Auswahl des Lieferanten verunsichert. Als Verkäufer sollten Sie

Ihre Produkte und Dienstleistungen erklären und somit dem Kunden das notwendige Wissen vermitteln. Er sollte Ihre Lösungen als sinnvoll zur Deckung seines Bedarfs erkennen.

Bei einer professionellen Bedarfsanalyse

• werden Sie den Wissensstand richtig ermitteln,

• können Sie sich auf die Wünsche und den Bedarf einstellen,

• werden Sie weniger Fehler machen,

• gewinnen Sie ein klares Bild von den Kaufmotiven,

• werden Sie Ihr realistisches Verkaufsziel erreichen.

Wenn Sie eine genaue Bedarfsanalyse vornehmen, können Sie optimal auf die Wünsche Ihres Kunden eingehen. Er wird in diesem Fall eher bereit sein, Ihr Angebot zu akzeptieren, selbst wenn der Wettbewerb, der sich diese Mühe nicht gemacht hat, ein wenig preiswerter ist.

Fragetechnik

Die W-Frage, also die Informationsfrage, haben wir vorab behandelt. Sie wird auch die „offene Frage" genannt und lässt dem Antwortenden den größten Spielraum. Es bleibt ihm überlassen, wie genau und ausführlich er antworten möchte. Sie verhindern hierdurch im Normalfall, dass die Antwort nur aus einem Ja, einem Nein oder einem Vielleicht besteht. Auf diese Weise erhalten Sie Zusatzinformationen, die Sie mit einer geschlossenen Frage niemals bekommen hätten.

Die erfolgreichsten Verkäufer sind diejenigen, die über die genauesten Informationen verfügen. Stellen Sie deshalb, wann immer möglich, offene Fragen!

Geschlossene Frage

Stellen Sie beispielsweise eine Frage der Art: „Werden Sie die neue Technik einsetzen?", so wird die Antwort meist Ja, Nein oder Vielleicht lauten. Der Informationsgehalt einer geschlossenen Frage ist in der Regel deutlich geringer als der einer offenen.

Setzen Sie daher diese Frageform nur dann ein, wenn Sie kurze und präzise Antworten erhalten möchten oder eine klare Entscheidung erwarten: „Haben Sie ein Sparkonto?" – „Besitzen Sie Aktien?" – „Verfügen Sie über Bargeld?" Doch hier ist Vorsicht geboten. Setzen Sie mehrere geschlossene Fragen hintereinander ein, wird sich Ihr Gesprächspartner eventuell wie in einem Verhör fühlen.

 Geschlossene Fragen verhindern den Dialog, da die Antwort meist Ja oder Nein lautet. Antwortet Ihr Gegenüber mehrmals hintereinander mit Nein, kann sich das negativ auf die Atmosphäre auswirken.

Fragearten

Wer fragt, der führt! (Sokrates)

Dieser Ansicht war Sokrates schon vor 2.400 Jahren. Dies gilt gewiss bis in die heutige Zeit, wir können es umsetzen in die Formel: „Wer richtig fragt, verkauft mehr."

Der professionelle Einsatz der Fragetechnik ist besonders wichtig, wenn nach Ihrem Termin auch der Wettbewerb Ihren Kunden besucht. Wenn es Ihnen im Laufe der Verhandlung nicht gelingt, zu einer positiven Entscheidung zu kommen, kann der Auftrag für Sie verloren sein.

Im Folgenden werden verschiedene Fragearten behandelt. Wenn Sie wissen, wie diese funktionieren und Sie die Antworten Ihres Kunden dadurch beeinflussen können, verfügen Sie über ein wichtiges Instrumentarium zur Erreichung Ihrer Verkaufsziele.

Vorteile der Fragetechnik

- Sie bekommen mehr Informationen.

- Sie erhöhen den Gesprächsanteil des Kunden.

- Sie verbessern die Atmosphäre.

- Sie führen das Gespräch in die von Ihnen gewünschte Richtung.

- Sie zeigen dem Kunden, dass Sie an ihm interessiert sind.

- Sie gewinnen Zeit.

- Sie erfahren, was den anderen bewegt.

- Sie bauen Kaufmotive auf.

- Sie führen Entscheidungen herbei.

- Sie erhöhen Ihre Schlagfertigkeit (Gegenfrage).

- Sie schaffen Wahlmöglichkeiten.

Informationsfrage

Hierbei handelt es sich um die offenen und die geschlossenen Fragen, die im vorigen Kapitel behandelt wurden.

Motivationsfrage

Sie entscheiden, ob Sie formulieren: „Was sagen Sie dazu?" oder: „Was sagen Sie als Fachmann dazu?" Welche Frage käme besser bei Ihnen an? Ganz gewiss doch die zweite, die Motivationsfrage! („Motivation" kommt von lat. „movere": „bewegen".) Wenn Sie richtig fragen, wird sich Ihr Gesprächspartner eher bewegen, denn er hat ein Motiv, einen Beweggrund. Die Gesprächsatmosphäre wird entspannter und somit für beide angenehmer. Wichtig ist jedoch, dass Sie nach einer solchen Frage eine Pause einlegen. Auch wenn Sie einen Moment warten müssen – üben Sie sich in Geduld, schüchterne Mitmenschen brauchen ein wenig Zeit für ihre Antwort. Nachfolgend zwei Beispiele für geeignete Motivationsfragen:

Beispiele: Motivationsfragen

- *„Wie haben Sie das geschafft in dieser kurzen Zeit?"*

- *„Ich weiß, dass Sie gut mit Zahlen umgehen können. Würden Sie mir bei der Erstellung der Bilanz helfen?"*

Setzen Sie diese Fragetechnik bewusst ein, damit Sie ihre Wirkung testen können. Doch vergessen Sie die Pause nach der Frage nicht!

Suggestivfrage

Klassische Suggestivfragen sind zum Beispiel: „Sie möchten doch bestimmt ein preiswertes Gerät?" und: „Das werden Sie doch schaffen, oder?" Durch die Fragestellung wird das Ja der Antwort bereits vorausgesetzt. Doch bei Fragen, die die Antwort schon in sich tragen, sollten Sie vorsichtig agieren. Ein intelligenter Gesprächspartner wird die Taktik durchschauen und sich der erhofften Antwort verweigern. Sie müssen diese Frageart also psychologisch geschickt und abhängig vom Menschentyp einsetzen, um das für Sie wichtige Ja zu erzielen. Die Formulierungen „bestimmt", „doch", „sicherlich", „nicht auch", „schon immer" geben dieser Frage den suggestiven Charakter (Suggestion = Beeinflussung). Suggestivfragen eignen sich immer dann, wenn Sie Feststellungen vermeiden möchten: „Morgen beginnen wir mit dem Projekt" ist eine Feststellung, die eventuell Widerspruch hervorrufen wird. Fragen Sie lieber: „Wäre es aus terminlichen Gründen nicht ratsam, wenn wir morgen mit dem Projekt beginnen würden?" Suggestivfragen bieten sich daher immer an, wenn

• Sie Feststellungen vermeiden möchten,

• Sie mit großer Wahrscheinlichkeit ein Ja erwarten dürfen und

• Ihr Gesprächspartner ein unentschlossener Kundentyp ist.

Es ist auch möglich, dass Sie ein Nein dennoch als Zustimmung werten können, beispielsweise wenn Sie fragen: „Sie möchten doch bestimmt keinen Ärger bekommen!" Durch ein Nein stimmt der andere dennoch zu.

Kontrollfrage

Wenn Sie Ihren Kunden fragen: „Stimmen wir in diesem Punkt überein?" oder: „Sind Sie mit dem Vorschlag einverstanden?", möchten Sie, anders als bei der Suggestivfrage, kein Ja suggerieren. Meist wird die Kontrollfrage als eine Frage gestellt, auf die der Kunde möglichst mit einem Ja antworten soll. Sie überprüfen, ob eine Übereinstimmung vorhanden ist, ob Sie Ihr Gegenüber verstanden bzw. Ihnen zugehört hat. Im Verkaufsgespräch sollten Sie diese Frageform häufiger einsetzen, besonders dann, wenn Sie einen bestimmten Abschnitt abschließen möchten. Die Kontrollfrage klingt wesentlich verbindlicher als die Suggestivfrage. Zustimmende Aussagen, die Sie während der Unterhaltung erfahren haben, können Sie beim Kaufabschluss im Rahmen einer „Ja-Fragen-Straße" elegant einsetzen.

Ja-Fragen-Straße

Nun stellen Sie die alles entscheidende Frage: „Erteilen Sie mir hiermit den Auftrag?" Die Angst des Boxers vor dem K. o. ist vergleichbar mit der Angst des Verkäufers vor dem Nein, wenn er die Frage nach dem Auftrag gestellt hat. Umgehen Sie diese direkte Frage, indem Sie drei bis vier logisch aufgebaute Fragen hintereinander stellen, die Ihr Gesprächspartner höchstwahrscheinlich mit Ja beantworten wird. Dies können positiv verlaufene Antworten nach Kontroll- und/oder Suggestivfragen sein, die Sie im Laufe der Verhandlung gehört haben. Sie können nun diese Fragen gegen Ende des Gesprächs erneut stellen, falls Sie bei Ihrem Kunden Kaufsignale erkennen. Damit Ihnen das ohne Mühe gelingt, sollten Sie sich Ihre mit Ja beantworteten Fragen gut merken – oder besser noch, notieren Sie sie sich.

Beispiel: Ja-Fragen-Straße

- *„Herr Wagner, hat Ihnen die Probefahrt gefallen?"*
- *„Ist der hohe Wiederverkaufswert des Fahrzeugs für Sie mitentscheidend?"*
- *„Ist das Platzangebot ausreichend für Ihre Familie?"*
- *„Entspricht die Farbe Ihren Vorstellungen?"*

Danach können Sie – sofern der Kunde immer bejaht hat – die alles entscheidende, wenn auch leicht suggestive, Abschlussfrage stellen: „Dann würde dieser schwarze Kombi, scheckheftgepflegt, doch all Ihre Wünsche erfüllen, nicht wahr?"

Ich empfehle Ihnen, diese Frage mit Vorsicht einzusetzen, denn die Methode ist recht bekannt. Durchschaut der Kunde Ihre Taktik, reagiert er unter Umständen verstimmt. Ist er erst einmal in schlechter Stimmung, werden Sie wohl kaum den gewünschten Erfolg haben. Bleiben Sie fair! Denken Sie immer daran: Sie möchten Ihren Gesprächspartner zum Kauf motivieren, er darf sich nicht manipuliert fühlen. Sind Sie dank der Ja-Fragen-Straße zum Erfolg gekommen, bauen Sie beim Käufer eine hohe Erwartungshaltung auf. Wenn Sie den Kunden enttäuschen, setzen Sie Ihre Glaubwürdigkeit aufs Spiel. Trainieren Sie diese Methode in Ihrem täglichen

Umfeld, damit Sie sie in entscheidenden Verhandlungen geschickt einsetzen können. „Hast du heute Abend Zeit für mich?" – „Ja." – „Sollen wir gemeinsam etwas unternehmen?" – „Ja." – „Magst du die mediterrane Küche?" – „Ja." – „Dann könnten wir doch heute Abend zu dem neuen Italiener gehen, was meinst du?" Ein Mensch, der Sie mag, wird da wohl kaum Nein sagen … Letztlich haben Sie sich Ihren Wunsch, das neue Restaurant kennenzulernen, damit erfüllt.

> **!** Die Ja-Fragen-Straße ist eine hervorragende Methode, um ein gewünschtes Ergebnis zu erzielen. Doch hüten Sie sich davor, Menschen damit zu manipulieren. Vergessen Sie nicht: Im Leben trifft man sich immer zweimal!

Provozierende Frage

Formulieren Sie zum Beispiel: „Warum haben Sie das nicht sofort gesagt?" oder: „Warum schieben Sie die Entscheidung hinaus?", laufen Sie Gefahr, dass Ihrem Gesprächspartner die Zornesröte ins Gesicht schießt. Wenn eine solche Frage noch in vorwurfsvollem, unfreundlichem Ton gestellt wird, kann dies das Ende der Unterhaltung bedeuten. Bestenfalls lockt die provozierende Frage den anderen aus der Reserve und veranlasst ihn zu unbedachten Äußerungen. Es gibt dennoch eine Möglichkeit, diese Art Frage in einem für Sie positivem Sinn einzusetzen: wenn sich das Gespräch dem Ende zuneigt und es für Sie sehr wichtig ist, eine Entscheidung herbeizuführen: „Ist Ihnen klar, welche Nachteile

Ihrem Unternehmen entstehen, wenn Sie heute keine Entscheidung treffen?"

Nun gibt es zwei Möglichkeiten: Entweder die Verhandlung kommt erst richtig in Fahrt – oder Sie werden hinauskomplimentiert. Überlegen Sie deshalb genau, ob es ratsam ist, eine provozierende Frage zu stellen – und an wen Sie sie richten. Für normal verlaufende Verkaufsverhandlungen ist sie meist nicht geeignet.

Fangfrage

Bei der Fangfrage ist Ihnen an einer Information gelegen, die Sie nicht direkt erkunden können: „Mit welcher Technik arbeiten Sie in Ihrer Fertigung?" In Wirklichkeit möchten Sie wissen, welcher Wettbewerber bisher die Maschinen geliefert hat. „Möchten Sie bar zahlen oder per Kreditkarte?" Kann sein, dass Ihnen die Zahlungsweise gleich ist, Sie möchten jedoch herausfinden, ob der Interessent überhaupt zahlen kann. Da es sich für Sie verbietet, unumwunden zu fragen, ziehen Sie aus der Antwort auf Ihre Fangfrage Rückschlüsse, die der Gefragte nicht vermutet. In meinen Seminaren fällt es den Teilnehmern manchmal schwer, eigene Beispiele zu finden. Wenn Sie genauer beobachten, werden Sie feststellen, dass Fangfragen im Berufsleben relativ häufig gestellt werden.

Wann immer es möglich ist, stellen Sie besser eine direkte Frage, denn wie heißt es doch: klare Frage – klare Antwort.

Gegenfrage

„Eine Frage wird nicht mit einer Gegenfrage beantwortet."
Diesen Ausspruch kennen Sie gewiss aus Ihrer Kindheit.
Kann sein, dass Ihre Eltern sich damit unangenehme oder
lästige Antworten erspart haben. Im Geschäftsleben sind
Gegenfragen allerdings zulässig, manchmal sogar sehr nütz-
lich. Wenn Sie bei einem mengenabhängigen Preis auf die
Frage „Was kostet das?" zurückgeben: „Wie viel benötigen
Sie?", so ist das ein guter Schachzug. Denn Sie bekommen
hiermit die gewünschte Stückzahl und können den korrek-
ten Preis nennen.

Beispiele: Gegenfrage

- *„Was kostet die Pflasterung des Hofes?" – „Wie viel Quadratmeter sind es denn?"*
- *„Wie viel Zinsen bekomme ich denn für mein Festgeld?"
  – „Um welche Summe handelt es sich und für wie lange
  möchten Sie ihr Geld anlegen?"*

Vorteile der Gegenfrage

- Sie gewinnen Zeit, um zu überlegen.
- Sie lenken das Gespräch.
- Sie geben den Ball zurück.
- Sie können den Fragesteller verunsichern oder aktivieren.
- Sie bekommen Hintergrundinformationen.
- Sie können Angriffe abwehren.
- Sie zwingen Ihr Gegenüber, sich präzise auszudrücken.

So vermeiden Sie geschickt das schroffe Nein

„Nein", „niemals", „unmöglich", „geht nicht", „das weiß ich nicht" sind Formulierungen, die Sie nach Möglichkeit vermeiden sollten. Eine Ansammlung solcher Äußerungen beeinflusst die Gesprächsatmosphäre negativ. Mit einer Gegenfrage können Sie es vermeiden, Ihren Gesprächspartner zu brüskieren: „Können Sie mir die Vorlagen bis Mittwoch zuschicken?" Gegenfrage: „Reicht es Ihnen auch am Donnerstag?" Frage: „Liefert die Firma Meier auch medizinische Produkte?" Kontrollierte Gegenfrage: „Haben Sie schon einmal ins Internet geschaut?"

Steigerung der Schlagfertigkeit

Manchmal werden wir zu Themen befragt, zu denen wir uns aus bestimmten Gründen nicht äußern möchten. Entschuldigungen, Begründungen und Rechtfertigungen würden die Situation unnötig verschärfen. Wie sagt doch der Volksmund: Wer sich verteidigt, klagt sich an. Ihr Gegenüber fragt Sie beispielsweise: „Ist das nicht zu kompliziert?" Bevor Sie sich nun in die Enge treiben lassen und sich verteidigen, kontern Sie besser: „Was verstehen Sie unter 'kompliziert'?"

Beispiele: Schlagfertigkeit

- *„Wie viele Kilometer fahren Sie im Jahr?" Gegenfrage: „Weshalb interessiert Sie das?"*
- *„Ich habe gehört, Sie sind ein schlechter Autofahrer." Gegenfrage: „Von wem haben Sie diese Information?"*

Die Antworten klingen vielleicht etwas hart, doch wer Sie unfair attackiert, muss mit einem solchen Konter rechnen.

Meist bringen Sie das Thema hiermit noch nicht zum Abschluss, doch Sie laufen zunächst einmal nicht Gefahr, sich verteidigen zu müssen. Wenn Sie ein wenig Übung haben, können Sie nach Beantwortung der Frage im zweiten Halbsatz eine Gegenfrage stellen. So lenken Sie die Unterhaltung elegant wieder in die von Ihnen gewünschte Richtung.

Beispiele: Gegenfrage nach Antwort

- *„Gibt es diesen Wagen auch mit einem Turbo-Diesel-Motor?" – „Ja, Herr Wagner, den gibt es. An welcher Motorleistung sind Sie denn interessiert?"*
- *„Führen Sie auch hochwertige Weine?" – „Sicher, Frau Wagner, an welche Weine haben Sie denn gedacht?"*

Was tun Sie, wenn Ihnen jemand eine Gegenfrage stellt?

Sie können geschickt kontern, wenn Sie entgegnen: „Weshalb antworten Sie mit einer Gegenfrage?" – „Aus welchen Gründen weichen Sie meiner Frage aus?" Bei Rededuellen im Fernsehen haben Sie vielleicht schon einmal festgestellt, dass der Talkmaster, wenn ihm eine Rückfrage gestellt wird, sagt: „Die Fragen stelle ich hier!" Meist müssen sich die Teilnehmer verpflichten, nicht mit einer Gegenfrage zu antworten. Falls Ihr Kunde Ihnen eine Gegenfrage stellt, bleiben Sie bitte gelassen und höflich.

Wenn Sie die Gegenfrage gezielt einsetzen, so klingt dies nicht immer verbindlich. Doch Mitmenschen, die unhöfliche Fragen stellen, müssen mit solch einer Reaktion rechnen. Wenn Sie es lernen, schlagfertiger zu werden, werden Sie auch seltener angegriffen. Ihre „Gegner" werden vorsichtiger.

Auch beim Einsatz der Gegenfrage benötigen Sie viel Fingerspitzengefühl. Der Ton macht die Musik! Weichen Sie niemals einer Frage aus, die Sie gefahrlos auch korrekt beantworten können. Ihr Gesprächspartner wird es Ihnen danken, wenn Sie auf eine klare Frage auch eine klare Antwort geben.

Alternativfrage

„Möchten Sie noch etwas trinken?" Mit dieser lapidaren Frage wird der Wirt seinen Umsatz wohl kaum steigern. Er sollte besser, wie vor allem versierte italienische Ober dies tun, zwei verlockende Angebote machen: „Möchten Sie einen Kaffee oder einen Espresso?" Auf diese Weise wird er häufiger ein zusätzliches Getränk verkaufen als bei der Formulierung der ersten Frage. Werden Sie im Hotel gefragt: „Möchten Sie ein Ei zum Frühstück?", so liegt die Wahrscheinlichkeit der Zustimmung bei 50 %. Bei der Frage: „Möchten Sie ein gekochtes Ei oder lieber ein Rührei?" ist die Chance, dass Sie sich für eine Variante entscheiden, erheblich größer. Die Neigung, der zweiten Möglichkeit zuzustimmen, ist recht groß – vorausgesetzt, die Frage wird geschickt gestellt. Fragt zum Beispiel der Verkäufer: „Wann soll ich zu Ihnen kommen?", so lautet die Antwort oft: „Ich rufe Sie an." Nun hat er den Vorteil des Handelns aus der Hand gegeben, er muss warten, bis der Kunde sich wieder meldet. Besser wäre die Frage: „Treffen wir uns am Dienstag oder am Donnerstag?" Die größte Chance, einen Termin zu bekommen, haben Sie bei der Frage: „Treffen wir uns am Dienstag oder am Donnerstag, so gegen 10.00 Uhr?" Hat der Kunde beide Termine frei, wird er sich meist für den zweiten Vorschlag entscheiden.

Diese Art der Fragestellung bietet sich vor allem bei abweisenden Interessenten an. Sie können die Frage noch optimieren, indem Sie dem Kunden etwas für ihn Positives aufzeigen und danach auf den konkreten Termin zu sprechen kommen. „Der Rationalisierungseffekt liegt bei sechs bis acht Prozent. Sie können sich das neue System gerne einmal ansehen. Wie wäre es, wenn ich am Dienstag oder Donnerstag gegen 10.00 Uhr zu Ihnen komme?"

Anhand der genannten Beispiele haben Sie bestimmt erkannt, dass nicht gefragt werden soll, ob jemand etwas möchte, sondern wann und wie er es möchte. Es ist die Frage mit dem größten psychologischen Effekt, denn durch die Alternativen bieten sich scheinbar Wahlmöglichkeiten.

Positive und negative Auswirkungen der Alternativfrage

- Sie können eine Entscheidung herbeiführen.

- Die Antworten Ja, Nein, Vielleicht werden verhindert.

- Sie können die Abschlussphase verkürzen.

- Unentschlossene Kunden werden aus der Reserve gelockt.

Durchschaut der Kunde Ihre Absicht, fühlt er sich eventuell bevormundet und reagiert negativ.

So trainieren Sie Alternativfragen

Fragen Sie acht Kinder bei einer Geburtstagsfeier: „Was möchtet ihr denn gerne essen?", so erhalten Sie wahrscheinlich acht verschiedene Antworten. Auf die Frage: „Möchtet ihr Spaghetti oder Pommes?" bekommen Sie dagegen die gewünschte Antwort bezüglich der bereits vorbereiteten Speisen verhältnismäßig leicht.

Wie können Sie sich gegen eine Alternativfrage zur Wehr setzen?

„Möchten Sie die 10.000 Euro für zwei Monate mit 2,5 Prozent Zinsen anlegen oder lieber für drei Monate mit 2,8 Prozent Zinsen?" Wahrscheinlich wird sich der Gefragte für die letzte Variante entscheiden. Die Konsequenzen seiner Handlung sind ihm oft gar nicht bewusst. Er legt sich fest, obwohl es womöglich bessere Möglichkeiten gegeben hätte. Deshalb hätte er fragen sollen: „Gibt es noch eine Alternative mit einem höheren Zinssatz?" Mit diesem Konter gelingt es Ihnen, einer Entscheidung elegant zu entgehen.

Unechte Alternativfrage

Unechte Alternativfragen lehne ich in aller Regel ab. Der Vollständigkeit halber sollen sie dennoch erwähnt werden: „Herr Wagner, soll ich fünf oder acht Objektive für Sie reservieren?" Die Antwort lautet: „Herr Sträter, das ist zu viel, zwei reichen völlig aus." So weit der Originalton eines

Gesprächs, das ich anlässlich eines Einzeltrainings beobachten durfte. Der Vertreter, ein gewitzter Typ, schaffte es auf diese Weise, zwei Objektive an den Mann zu bringen. Besser als gar nichts! Doch ich bin überzeugt, dass diese Methode beim Käufer einen faden Nachgeschmack hinterlassen kann. Deshalb stehe ich ihr skeptisch gegenüber.

Schlussbetrachtung zur Fragetechnik

- Formulieren Sie die Frage kurz, knapp und präzise.

- Gehen Sie sparsam mit Suggestivfragen um.

- Halten Sie Blickkontakt.

- Bemühen Sie sich um eine freundliche Mimik.

- Wenden Sie sich Ihrem Gegenüber zu.

- Stellen Sie nicht mehrere Fragen auf einmal, denn der andere wird sich die für ihn angenehmere aussuchen.

- Legen Sie nach der Frage immer eine Pause ein, damit der Gefragte antworten kann.

Es gibt keine schlechten Antworten, es gibt nur schlechte Fragen!

Auf den Punkt gebracht

Immer dann, wenn Ihre Ideen und Gedanken nicht mit denen Ihrer Kunden übereinstimmen und Sie das Gespräch in eine bestimmte Richtung lenken möchten, setzen Sie die Fragetechnik ein. Wer fragt, der führt!

Das Produkt präsentieren

In dir muss brennen, was du in anderen entzünden willst.
(Aurelius Augustinus)

Denken Sie über dieses Zitat nach, denn Sie werden Ihren Kunden nur dann überzeugen, wenn Sie selbst von Ihrem Produkt begeistert sind. Seien Sie selbstkritisch und überlegen Sie, ob Sie Ihre Produkte und Dienstleistungen optimal präsentieren. Falls nicht, haben Sie den Mut, neue Wege zu gehen.

Es anders machen als andere

So könnte auch Ihr Erfolgsmotto lauten. Denn es wird den Interessenten wenig erfreuen, wenn er von drei Anbietern nahezu identische Präsentationen über sich ergehen lassen muss. Er wird sich nur schwer entscheiden können. Möglich, dass er – weil er dem Leiden ein Ende machen möchte – einfach das preisgünstigste Angebot annimmt. Um Ihre Produkte an den Mann – oder die Frau – zu bringen, brauchen Sie einen Alleinstellungsanspruch. Dies gilt in gleichem Maße für Ihre Präsentation wie auch für Ihre Leistungen. Zeigen Sie ein wenig Experimentierfreude, werfen Sie alten Ballast ab und versuchen Sie etwas Neues.

„Gib jeder Präsentation die Chance, die beste deines Lebens zu werden."

Gehen Sie mit dieser Einstellung in Ihre nächste Präsentation. Auch wenn Sie schon zahlreiche solcher Termine absolviert haben, jede Präsentation sollte besser werden als die vorherige. Das wird Ihnen gelingen, wenn Sie folgende Empfehlungen beachten:

- Überarbeiten Sie Ihre Argumentation – arbeiten Sie mit dem „Sie-Standpunkt". Den Kunden interessiert nur am Rande, was Sie und Ihr Produkt leisten können. Am wichtigsten für ihn ist, dass er seinen Nutzen erkennt.

- Sprechen Sie positiv, vermeiden Sie negative Formulierungen.

- Setzen Sie moderne Präsentationstechniken ein. Allzu viel schadet jedoch – wir alle leiden unter Reizüberflutung. Deshalb: So viel Technik wie nötig, so wenig wie möglich!

- Der Kunde muss Ihre Botschaft verstehen. Bemühen Sie sich um eine bildhafte Sprache und unterstützen Sie Ihre Worte visuell. Vom Bekannten zum Neuen. Liefern Sie interessante Beispiele.

- Zu jeder starken Aussage gehört ein starker Beweis. Bleiben Sie stets bei der Wahrheit. Alles, was Sie sagen, müssen Sie begründen können.

- Schauspielern Sie nicht. Doch setzen Sie Ihre Körpersprache geschickt ein, um das Gesagte zu unterstreichen.

- Sprechen Sie klar und deutlich, allerdings nicht zu akzentuiert – dies wird leicht als aufgesetzt oder arrogant interpretiert.

- Entrümpeln Sie Ihre Sprache, allzu blumige Formulierungen sind nicht mehr zeitgemäß.

- Vermeiden Sie Füllwörter, Urlaute und Floskeln.

Positiv formulieren

Welche Außendienstmitarbeiter mag Ihr Kunde am liebsten? Wahrscheinlich diejenigen, die über eine positive Ausdrucksweise verfügen. Bemühen Sie sich daher, in jeder Situation positive Worte zu finden. Doch bitte nicht übertreiben – nüchterne, sachlich geprägte Einkäufer schätzen derartige Schnörkel nicht.

Der kleine Unterschied

Wenn der Kunde Ihr Grundstück erreicht und ein Schild mit der Aufschrift: „Das Parken in der Einfahrt ist verboten" vorfindet, kann das einen negativen Beigeschmack haben. Liest er allerdings: „Bitte benutzen Sie unseren Kundenparkplatz", ist er wahrscheinlich gleich ein wenig freundlicher gestimmt. Die Aussage bleibt die gleiche, doch die Wirkung ist eine ganz andere. Die zweite Formulierung klingt entschieden verbindlicher.

Denken Sie deshalb daran: Fast alles, was Sie negativ ausdrücken, lässt sich auch in positive Worte kleiden. Unternehmen, die in der gleichen Branche angesiedelt sind, bezeichnen Sie beispielsweise eleganter als „Mitbewerber" oder „Marktbegleiter". „Konkurrenz" hört sich doch ein wenig feindselig an! Das Wörtchen „Trick" wirkt etwas unseriös, denn es entsteht leicht die Assoziation zu Taschentricks. Die Formulierungen „bewährte Methoden" oder „kostengünstige Lösungen" wecken eher Vertrauen. Streiten sollten Sie mit niemandem – diskutieren allerdings schon. Viel zu häufig verwenden Verkäufer auch den unpersönlichen Ausdruck

„man". „Man kann davon ausgehen" wirkt recht distanziert. Klingt es nicht sehr viel verbindlicher, wenn Sie vorschlagen: „Bitte gehen Sie davon aus …"

Manche Begriffe können Sie durch wirkungsvolle, positive Wörter ersetzen.

Formulieren Sie statt …	besser so …
Preis	Investition
egal	Bitte entscheiden Sie.
Problem	Projekt, Aufgabe
billig	preiswert
selbstverständlich	Ja, gerne.
Sie müssen …	Bitte beachten Sie …
Nein	Das wäre möglich, wenn …
Ja, aber …	ersatzlos streichen

„Aber" ersetzen Sie besser durch: „allerdings", „obwohl", „jedoch", „nur".

Füllwörter, Urlaute und Floskeln

Wie wirkt es auf Sie, wenn jemand auf eine Ihnen wichtige Frage mit „Natürlich!" antwortet? Möglicherweise werden Sie Ihren Gesprächspartner für überheblich halten und sich leicht brüskiert fühlen. Die gleiche Wirkung hat das Wort „selbstverständlich" in einem solchen Zusammenhang. Diese Entgegnung besagt, dass es doch eigentlich müßig sei, diese Frage als intelligenter Mensch überhaupt zu stellen.

Streichen Sie bitte auch Füllwörter wie „im Prinzip" oder „prinzipiell" aus Ihrem Wortschatz. Es sei denn, es trifft tatsächlich zu und Sie möchten zum Ausdruck bringen: „In diesem Fall geht es um ein Prinzip."

Als „Urlaute" bezeichnen wir Füllsel wie „äh" usw. Denken Sie zum Beispiel an Boris Becker oder Edmund Stoiber. Empfinden Sie diese unbewussten Äußerungen als souverän? Sprechen Sie deshalb in kurzen Sätzen. So verlieren Sie nicht so leicht den Faden und müssen nicht durch Urlaute eine Verbindung schaffen. Außerdem wirkt Ihre Stimme dann dunkler, eine helle Stimme signalisiert weniger Fachkompetenz. Wir sprechen hier von „kompetenter Stimmlage". Vergessen Sie nicht, öfter eine Pause einzulegen.

Den Konjunktiv („Ich würde gerne …", „Ich könnte mir vorstellen …") sollten Sie nur sparsam einsetzen. Hierdurch werden Ihre Aussagen abgeschwächt, Sie wirken zaudernd und nicht so recht von Ihren Argumenten überzeugt.

Spitzfindigkeiten

Stellen Sie sich vor, Sie kündigen an: „Meine Damen und Herren, ich möchte nun die Kundentagung eröffnen." Was, wenn Sie ein wenig zögern und jemand ruft Ihnen zu: „Dann tun Sie es doch endlich!" Besser ist es, klar und deutlich anzukündigen: „Meine Damen und Herren, die Kundentagung ist eröffnet."

Verbannen Sie veraltete Schnörkel wie „Ich bin so frei …", „Gestatten Sie …", „Angenehm …" aus Ihrem Wortschatz. Die Formulierung „Ich persönlich gehe davon aus …" ist eine doppelte Aussage, denn spreche ich von mir selbst, so ist dies immer persönlich. Häufig werden auch Wortschöp-

fungen gebraucht, die dann zweimal die gleiche Aussage
haben:

- alter Greis

- schwarzer Rappe

- weißer Schimmel

- neu renoviert

- bereits schon

- hegen und pflegen

- voll und ganz

- immer und ewig

- ABS-System

- beiliegende Anlage

- bekannter Star

- lautlose Stille

Auch die Schlussformel „Ich bedanke mich …" formulieren
Sie besser um: „Ich danke Ihnen …" oder: „Herzlichen Dank
für Ihr Interesse …"

Mir ist klar, dass es gar nicht einfach ist, eine schlechte Gewohnheit, die sich eingefahren hat, wieder abzulegen. Doch
mit Geduld und Mühe werden Sie es schaffen. Es lohnt sich!

Visualisierung

„Ein Bild sagt mehr als tausend Worte", sagt ein Sprichwort.
Für eine angemessene optische Unterstützung Ihrer Prä-

sentation sprechen eine Reihe von Argumenten: Interesse und Aufmerksamkeit werden gesteigert, Ihre Ausführungen sind transparenter und der Anteil dessen, was im Gedächtnis Ihres Gegenübers haften bleibt, ist deutlich höher. Alle Extreme sind jedoch schlecht. Wenn Sie zu viele Bilder und Grafiken zeigen, kommt es zu einer Reizüberflutung und das Interesse an Ihren Ausführungen lässt nach.

Powerpoint-Verbot

Ein großes Unternehmen in Süddeutschland hat seinen Mitarbeitern untersagt, Powerpoint-Präsentationen ohne Genehmigung der Geschäftsleitung durchzuführen. Denn es war zur Gewohnheit geworden, zu viele Charts zu verwenden. Hierdurch kommt es leicht zu einem Trickfilmeffekt. Die verbalen Aussagen erreichten die Interessenten kaum noch. Nachdem Bilder und Grafiken auf einen vernünftigen Umfang reduziert wurden, steigerte sich die Qualität der Präsentationen erheblich. Die Verkäufer mussten sich intensiver vorbereiten und sich besser auf ihre Kunden einstellen. Setzen Sie visuelle Hilfsmittel also nur gezielt ein, z. B. damit Sie schwer zu erklärende Zahlen und Grafiken besser vermitteln können.

Flipchart

Ein Flipchart ist besonders geeignet, wenn Sie vor mehreren Kunden präsentieren. Die Tafel sollte möglichst auf einem fahrbaren Ständer montiert sein und eine Größe von 70 × 100 cm haben. Auf entsprechend großen Papierseiten, die vor- und zurückgeblättert werden können, schreiben Sie mit dicken Filzstiften. Die Farben Schwarz, Blau und Rot sind am besten zu erkennen. Ein Flipchart ist sinnvoll, wenn Sie während Ihrer Präsentation Aussagen stichwortartig skizzieren wollen. Auf diese Weise können Sie Kernaussagen und spontane Einfälle leicht notieren. Sie haben die Möglichkeit, Darstellungen vorzubereiten und während der Präsentation Ihre Ausführungen zu ergänzen. Schreiben Sie in großen, deutlichen Buchstaben und sprechen Sie nur, wenn Sie Blickkontakt mit Ihren Kunden haben.

Vom Ich zum Sie

Stellen Sie stets Ihren Kunden in den Mittelpunkt Ihrer Bemühungen. Das erreichen Sie während der Präsentation durch die Sie- und die Vorteilsansprache:

Statt ...	sagen Sie besser:
Ich zeige Ihnen …	Sie können sich das ansehen.
Ich glaube …	Meinen Sie auch …
Ich gebe Ihnen 3 %.	Sie erhalten 3 %.
Ich erkläre Ihnen …	Sie erfahren jetzt …
Ich kann Ihnen das beweisen.	Sie können sich gerne davon überzeugen.

Wenn Sie in Ihren Verkaufsgesprächen ein Ich durch ein Sie ersetzten können, dann tun Sie dies in jedem Fall! Haben Sie gewusst, dass das Wörtchen „ich" in der deutschen Sprache an vierter Stelle der am meisten gebrauchten Wörter steht? In Verkaufsverhandlungen sollten Sie es jedoch eher sparsam einsetzen. Ein Ausnahmefall ist es, wenn Sie jemanden kriti-

sieren möchten, ohne ihn verletzen zu wollen. Wir sprechen
hier von „Ich-Botschaften".

Vorteilsansprache

Die „Vorteilsansprache" verknüpft das Angebot des Verkäufers mit den zu erwartenden positiven Aspekten für
den Kunden. Sprechen Sie also nicht nur über Werbemaßnahmen oder verbesserte Liefersituationen, sondern sagen
Sie besser:

• „Die neuen Werbemaßnahmen garantieren Ihnen einen
  sehr viel höheren Aufmerksamkeitswert."

• „Die verbesserte Liefersituation erspart Ihnen eine hohe
  Lagerhaltung."

Weitere Vorteilsansprachen:

• schafft Ihnen

• ermöglicht Ihnen

• führt Sie

• hilft Ihnen

• sichert Ihnen

Je geschickter Sie die Vorteilsansprache variieren, desto
überzeugender wirken Ihre Verkaufsargumente.

Einwandbehandlung

Der letzte Beweis von Größe liegt darin,
Kritik ohne Groll zu ertragen. (Victor Hugo)

Der Umgang mit Kritik ist eine der größten Herausforderungen des menschlichen Zusammenlebens. Angemessen darauf zu reagieren ist eine hohe Kunst, an deren Beherrschung die Reife eines Menschen gemessen werden kann. So verhält es sich auch bei Verkaufsgesprächen.

Sie kennen das sicher: Ihre Vorbereitung und die Präsentation waren Ihrer Meinung nach professionell, Sie sind sich sicher, dass dem Verkaufsabschluss nichts mehr im Wege steht. Doch dann folgt die Enttäuschung: Der Kunde bringt Einwände – und alles wird wieder infrage gestellt. Wenn Sie sich als Verkäufer dann persönlich angegriffen fühlen und unbedacht reagieren, haben Sie einen Fehler begangen, den Sie wohl kaum wiedergutmachen können.

> **!** Bringen Sie den Einwand gedanklich auf die sachliche Ebene. Sehen Sie die Angelegenheit sportlich: Der Kunde gibt Ihnen die Chance, um ihn zu kämpfen. Wenn von seiner Seite gar keine Reaktion gekommen wäre, wäre dies viel schlimmer für Sie!

Reagieren Sie gelassen. Bei Neukunden ist Skepsis ganz natürlich. Spätestens jetzt wird sich Ihre gute Vorbereitung auszahlen. Wenn Sie sich optimal auf den Kunden eingestellt haben, können Sie viele Einwände bereits im Vorfeld erkennen. Denn es sind häufig die gleichen Themen, die den Kunden Probleme bereiten.

> Einwände sind selten ein endgültiges Nein, sondern ein Zeichen dafür, dass zwischen den Gesprächspartnern noch keine Übereinstimmung besteht. Nun haben Sie die Chance, Ihren Kunden zu überzeugen!

Wenn Sie auf den Einwand eingehen, vermeiden Sie bitte alle Formulierungen, die die Gesprächstemperatur erhitzen könnten. Minusäußerungen sind hier eindeutig fehl am Platz! Vermeiden Sie Äußerungen wie:

- „Ihr Einwand …"
- „Ihre negative Einstellung …"
- „Das können Sie auch nicht wissen …"
- „Ja, aber …"
- „Das sehen Sie falsch …"
- „Das stimmt nicht …"
- „Da muss ich Sie korrigieren …"

Mit negativen Formulierungen gießen Sie Öl ins Feuer. Formulieren Sie besser positiv, etwa so:

- „Gut, dass Sie das ansprechen …"
- „Dafür habe ich Verständnis …"
- „Das ist ein wichtiger Punkt …"

> Nicht die Einwände sind positiv oder negativ, sondern einzig und allein das, was Sie daraus machen!

Bitte beachten Sie bei der Einwandbehandlung folgenden Ablauf:

- Bleiben Sie ruhig und gelassen. Zeigen Sie Aufnahmebereitschaft, signalisieren Sie Interesse.

- Wenden Sie sich dem Kunden zu.

- Hören Sie aktiv zu. Unterbrechen Sie nicht.

- Bevor Sie antworten, legen Sie eine kleine Pause ein. Oder stellen Sie eine Gegenfrage. So gewinnen Sie Zeit und erhalten Hintergrundinformationen.

- Überlegen Sie sich sehr genau, was der Kunde mit dem Einwand bezweckt.

- Verbalisieren Sie den Einwand, drücken Sie mit Ihren Worten die Aussage des Kunden aus. Entgegnen Sie beispielsweise: „Sie meinen also …" Antwortet er dann: „Ja, Sie haben mich verstanden …", sind Sie auf dem richtigen Weg.

- Nennen Sie eine Lösung bzw. eine Alternative. Danach führen Sie den Kunden mit einer Frage zum nächsten Punkt.

- Bleiben Sie unter allen Umständen sachlich, reagieren Sie nicht emotional.

- Entkräften Sie den Einwand mit einer der folgenden Methoden.

Methoden der Einwandargumentation

Nachteil-Vorteil-Methode

Wenn Ihr Kunde einen gerechtfertigten Einwand nennt, so geben Sie den Nachteil offen zu. Kämpfen Sie nicht gegen Windmühlenflügel! Danach stellen Sie jedoch die Vorteile und positiven Eigenschaften Ihres Angebots deutlich heraus.

Beispiel: Nachteil-Vorteil-Methode

Kunde: „Mit dem späten Liefertermin haben wir Probleme …"

Verkäufer: „Das verstehe ich gut! Sie haben jedoch den Vorteil, dass Sie das neueste Modell bekommen. Das bedeutet für Ihr Unternehmen …"

Oder: „Gewiss, der spätere Liefertermin ist ein Nachteil, Sie haben jedoch drei große Vorteile …"

Rückfragemethode

Durch Rückfragen gewinnen Sie Zeit zum Überlegen und erhalten zusätzliche Informationen, die Sie zur Beantwortung des Einwands benötigen.

Der Einwand wird fast immer in anderer oder abgeschwächter Form wiederholt.

Beispiel: Rückfragemethode

Kunde: „Ihr Angebot entspricht nicht unseren Vorstellungen."

Verkäufer: „Aus welchen Gründen entspricht das Angebot nicht Ihren Vorstellungen?"

Oder: „Welche Vorstellungen haben Sie denn?"

Ja-aber-Methode

Viele Verkäufer oder Berater schwören auf diese Technik – zu Unrecht! Mit dem Ja wird die Aussage des Kunden akzeptiert. Mit dem Aber dementieren Sie Ihre Aussage vehement. Dies wird fast immer so empfunden, als ob Sie zunächst einmal Ja antworten, dann jedoch gleich danach Nein sagen. Ersetzen Sie das Wörtchen „ja" besser durch „gut", „richtig", „das stimmt" etc., statt „aber" verwenden Sie Formulierungen wie „jedoch", „nur", „allerdings" oder „andererseits".

> ### Beispiel
>
> *Kunde: „Sie produzieren doch im Ausland …"*
>
> *Verkäufer: „Das stimmt, allerdings befindet sich ein komplettes Ersatzteillager fünf Kilometer von Ihrem Betrieb entfernt."*
>
> *Oder: „Da haben Sie recht. Jedoch konnten wir die Kosten hierdurch deutlich reduzieren."*

Rückstellmethode

Die Rückstellmethode eignet sich besonders dann, wenn Sie den Einwand erst später beantworten möchten. Notieren Sie sich den Einwand, das wird Ihren Kunden zunächst einmal zufriedenstellen. Verwenden Sie diese Methode jedoch nicht mehrmals in einem Gespräch.

> ### Beispiel: Rückstellmethode
>
> *Kunde: „Die Garantiezeiten sind zu kurz."*

> *Verkäufer: „Darf ich darauf eingehen, wenn ich Ihnen zwei wichtige Vorteile genannt habe?"*
>
> *Oder: „Darf ich mir die Frage notieren? Wir kommen gleich darauf zurück."*

Divisionsmethode

Die Divisionsmethode eignet sich besonders, wenn es sich um eine große Summe oder Menge handelt, die der Kunde nicht einordnen kann. Sie dividieren durch Menge, Laufzeit oder Anteile.

> ### Beispiel: Divisionsmethode
>
> *Kunde: „Acht Euro für einen Kasten. Das erscheint mir doch sehr teuer."*
>
> *Verkäufer: „In einem Kasten sind acht Stück. Einen Euro zahlen Sie pro Stück, das ist doch wirklich günstig!"*

Rhetorische Frage

Bei der rhetorischen Frage wiederholen Sie den Einwand in Frageform. Versuchen Sie die Aussage Ihres Kunden in positive Worte zu fassen und Ihren Gesprächspartner dabei zu loben. Die Antwort geben Sie dann selbst.

> ### Beispiel
>
> *Kunde: „Das ist zu teuer …"*
>
> *Verkäufer: „Sie interessieren sich für das Preis-Leistungs-Verhältnis? Unsere neuen Geräte …"*

Offenbarungsmethode

Ein Kundenbesuch ist immer mit einigem Aufwand verbunden, sowohl zeitlich als auch finanziell. Wenn sich Ihr Gesprächspartner hartnäckig allen guten Argumenten, die Sie vorgebracht haben, verweigert, haben Sie noch eine letzte Möglichkeit. Sie können die entscheidende Frage stellen: „Unter welchen Umständen sind Sie denn bereit, mit unserem Unternehmen zusammenzuarbeiten?"

Auf den Punkt gebracht

Lassen Sie sich trotz aller Schwierigkeiten niemals in eine hitzige Diskussion verwickeln – selbst dann nicht, wenn Sie glauben, im Recht zu sein. Streiten Sie nicht, denn es ist kein Fall bekannt, in dem ein Verkäufer einen Disput mit einem Kunden gewonnen hätte!

Tipps zur Einwandbehandlung:

- Betrachten Sie Einwände als etwas Positives.
- Nehmen Sie alle Einwände ernst.
- Behandeln Sie Einwände nicht auf der persönlichen, sondern auf der sachlichen Ebene.
- Setzen Sie die Fragetechnik ein und hören Sie aktiv zu.
- Bemühen Sie sich um eine positive Ausdrucksweise.
- Bereiten Sie sich auf alle erdenklichen Einwände vor.

Körpersprache im Verkauf

Unser Körper spricht dauernd, bis er tot ist. Er verrät manchmal Geheimnisse und Signale, derer wir uns nicht bewusst sind. (Samy Molcho)

In der Schule und während der Ausbildung haben Sie sicher viel gelernt. Doch wurden Sie auch im Fach „Körpersprache" unterrichtet? Ziemlich sicher nicht! Da wir jedoch in der nonverbalen Kommunikation ständig unbewusst Signale aussenden, ist es gewiss sehr nützlich, diese Sprache zu kennen. Indem wir uns die Mechanismen der Körpersprache vor Augen führen, können wir unsere Kommunikation erheblich verbessern.

Gezielt ins Bewusstsein rufen sollten wir diese nonverbalen Botschaften deshalb, weil wir selbst die Körpersprache unbewusst einsetzen. Bei unseren Kunden können wir – mit etwas Übung – körpersprachliche Aussagen erkennen und deuten. Diese können zum Beispiel Ablehnung, Interesse, Konfliktbereitschaft, mangelndes Verständnis, Aggression usw. ausdrücken.

Auf dem langen Weg zum heutigen modernen Menschen kam zuerst die Körpersprache – dann die Sprache. Die Körpersprache zeigt ohne Worte Ihre innere Haltung, Ihr instinktives Handeln, Ihr Verhältnis zu Ihren Mitmenschen und Ihre Gefühle. Bevor Sie auch nur ein einziges Wort formulieren, haben Sie sich größtenteils bereits nonverbal ausgedrückt.

In der zwischenmenschlichen Kommunikation über-
wiegt der Anteil der Körpersprache. Er übertrifft den
der verbalen Kommunikation deutlich.

Beurteilen körpersprachlicher Aussagen

Nun geht es jedoch nicht nur darum, Ihre eigene Körpersprache zu kontrollieren. Ebenso wichtig ist es, Ihren Kunden
anhand seiner körpersprachlichen Aussagen einschätzen zu
können. Wenn Sie sich in dieser Hinsicht sensibilisieren, werden Sie leichter erkennen, ob die verbalen Aussagen wirklich
eine Einheit mit der Körpersprache Ihres Gesprächspartners
bilden. Aus einem introvertierten, schüchternen Menschentyp kann nicht während eines Gesprächs plötzlich ein extrovertierter Draufgänger werden. Übertriebene Gesten, die
nicht zum Wesen eines Menschen passen, wirken aufgesetzt
und wenig glaubwürdig. Aussagen werden nur verstärkt,
wenn die Gesten natürlich und harmonisch wirken.

Um körpersprachliche Aussagen und deren Bedeutung zu
beurteilen, reicht die Bewertung einer einzigen Bewegung
bei Weitem nicht aus. Bitte beachten Sie bei der Beurteilung
folgende Aspekte:

• Die Bewegung(en) sollte(n) unbewusst abgelaufen ein.
  Schauspielerei, also unnatürliches Verhalten, unterliegt
  anderen Bewertungskriterien.

• Körperliche Gebrechen können Sie nicht bewerten, sie
  scheiden in jedem Fall aus, ebenso Angewohnheiten und
  Marotten.

- Es sollten mindestens zwei Bewegungen in etwa die gleiche Bedeutung haben. Zum Beispiel: Eine offene Handhaltung, ein freundliches Gesicht und ein zugewandter Körper signalisieren Sympathie.

- Die hier besprochenen körpersprachlichen Signale gelten allein im deutschsprachigen Raum.

- Tragen Sie bei der Einschätzung der Körpersprache auch stets der Umgebung, der Situation, der Position und der verbalen Aussage Rechnung.

Die folgende Betrachtung der körpersprachlichen Signale soll Sie nicht zum Schauspielern verleiten. Jedoch werden Sie bei entsprechender Übung Ihre Bewegungen – und die anderer Menschen – besser erkennen und deuten können. Diese Botschaften sind nicht immer eindeutig, da sehr viele Kriterien bei der Bewertung zu berücksichtigen sind. Doch die Aussage von Samy Molcho kann ich nur unterstreichen: „Der Körper lügt nicht!"

Sicheres Auftreten

Gehen Sie zielstrebig, doch ohne Hektik auf Ihren Kunden zu. Während Sie sich auf ihn zubewegen, nehmen Sie schon Blickkontakt auf. Tipps zur richtigen Begrüßung finden Sie im Abschnitt „Der korrekte Handschlag" auf S. 17.

Wenn Sie dann Ihrem Gesprächspartner gegenüberstehen, achten Sie auf einen festen Stand. Vertreten Sie Ihren „Standpunkt"! Bitte stehen Sie nicht zu breitbeinig, Sie werden in dieser Haltung leicht als dominant empfunden. Drücken Sie die Knie nach Möglichkeit nicht ganz durch, Sie wirken sonst vielleicht zu steif.

! Bemühen Sie sich stets um einen ruhigen Stand. Wenn Sie mit den Füßen wippen, ständig von einem Bein auf andere treten oder „auf Wanderschaft gehen", wirken Sie unruhig und nervös.

Haltung der Füße und Beine und deren mögliche Wirkung auf den Gesprächspartner	
Haltung der Füße und Beine	Mögliche Bedeutung
schnelles, hektisches Gehen zum Stuhl	Unruhe, Fahrigkeit, fehlende Konzentration
zu langsames Gehen zum Stuhl	Unentschlossenheit, Zurückhaltung, Angst
von einem Bein aufs andere treten	Nervosität, Unruhe, Anspannung
mit einem Fuß auf den Boden stampfen	Entschlossenheit, Aggression

Distanzzonen

Jeder Mensch hat seine eigenen Distanzzonen, in denen er sich wohlfühlt. Respektieren Sie diesen Abstand unter allen Umständen. Rücken Sie ihm niemals zu nah „auf die Pelle", Sie laufen sonst Gefahr, dass er Sie nicht mehr so gut „riechen" kann. Diese Begriffe aus der Umgangssprache zeigen deutlich die negativen Auswirkungen, die solcherlei Revierverletzungen haben können. Die Intimdistanz bei Menschen, die eher introvertiert sind, liegt bei 0,8 bis 1,0 Metern. Diesen Abstand sollten Sie keinesfalls unterschreiten.

Persönliche Distanz

Die Zone, in der Verhandlungen normalerweise ablaufen, liegt zwischen 0,8 und 1,2 Metern. Wenn Ihnen der Kunde jedoch „entgegenkommt", müssen Sie diese Vorgabe nicht mehr so genau nehmen.

Legen Sie niemals ungefragt Ihre Unterlagen auf den Tisch. Es ist eine Geste der Höflichkeit, zunächst einmal um Erlaubnis zu bitten.

Wenn Sie einem Kunden am Schreibtisch gegenübersitzen, wird dadurch meist eine Barriere aufgebaut. In schwierigen Verhandlungssituationen, beispielsweise bei einem Reklamationsgespräch, kann es zu Konfrontationen kommen, da Sie sich zwangsläufig in die Augen schauen müssen. Sie können nicht ausweichen. Besser ist es in jedem Fall, die Besprechung an einem separaten Tisch durchzuführen. Bei einem runden Tisch bietet sich die Sitzposition in einem Winkel von ca. 120° an, bei einem eckigen in einem Winkel von ca. 90°.

Körperhaltung

Die Körperhaltung ist ein Zusammenspiel von Kopf, Schultern, Rumpf, Becken, Beinen und Füßen. Kontrollieren Sie so oft wie möglich Ihre Körperhaltung, denn sie sagt viel über Ihre Einstellung zum Leben, Ihre Disziplin und Ihre Selbstsicherheit aus. Nach vorne gebeugt und mit hängenden Schultern kann niemand Optimismus und Daseinsfreude ausstrahlen!

Achten Sie während Ihres Verkaufsgesprächs auf eine aufrechte, doch nicht zu steife Haltung. Vermeiden Sie es, den Oberkörper häufig hin und her zu bewegen. Ihre Unruhe überträgt sich leicht auf Ihren Gesprächspartner. Eine aufrechte Körperhaltung erleichtert Ihnen die Atmung, denn die Lungenhilfsmuskulatur kann so leichter arbeiten.

> **!** „Wie außen – so innen", sagte der große Friedrich Schiller. Also zeigen Sie durch Ihre äußere Haltung auch Ihre innere (Gemüts-)Haltung.
> Eine selbstbewusste, positive Körperhaltung verschafft Ihnen größere Überzeugungskraft und wirkt motivierend auf Ihre Kunden.

Körperhaltung und deren mögliche Wirkung auf den Gesprächspartner	
Körperhaltung	Mögliche Wirkung
gerade, aufrechte Haltung	Selbstbewusstsein
nach vorn gebeugte Haltung	Entgegenkommen, Interesse
Oberkörper wendet sich ab	kein Interesse
Oberkörper wendet sich zu	Entgegenkommen, Interesse

Kopfhaltung

Ihre Kopfhaltung hat auf den Klang Ihrer Stimme entscheidenden Einfluss. Sie können dies leicht ausprobieren: Setzen Sie sich aufrecht hin, atmen Sie einige Male tief ein und aus. Sprechen Sie nun und heben und senken Sie während des Sprechens den Kopf. Beim Senken verschlechtert sich automatisch die Tonqualität. Prägen Sie sich die ideale Kopfhaltung bewusst ein. Sprechen Sie nie mit gesenktem Kopf!

Kopfhaltung und deren mögliche Wirkung auf den Gesprächspartner	
Kopfhaltung	Mögliche Bedeutung
gerade Kopfhaltung	Sicherheit, Aufrichtigkeit,
ruckartige Bewegung	Trotz, Ablehnung, Widerspruch
nach hinten geneigter Kopf	Zurücknahme, Distanzierung, Überheblichkeit, Unkonzentriertheit
leicht gesenkter Kopf	Entgegenkommen, Wohlwollen
zur Seite geneigter Kopf	abwartend, kritisch, ausweichend, wohlwollend
Kopf einziehen	Schuldbewusstsein, Angst, Unwissenheit

Blickkontakt

Die Augen sind das Spiegelbild der Seele.

Dem Blickkontakt kommt in der zwischenmenschlichen Kommunikation eine ausschlaggebende Bedeutung zu. Schauen Sie Ihren Kunden während Ihrer Verhandlungen öfter an, ohne ihn jedoch zu fixieren. Letzteres empfindet Ihr Gegenüber häufig als unangenehm oder sogar als Bedrohung.

Der Blickkontakt ist immer von großer Bedeutung, wenn sich Menschen miteinander unterhalten. Und er entscheidet nicht selten über den Erfolg. Viele Verkäufer haben jedoch

Schwierigkeiten, wohldosiert Blickkontakt mit ihrem Gesprächspartner zu halten.

> **!**
> ### Häufige Fehler
> Der Verkäufer schaut ratlos zur Decke. Dies signali-
> siert dem Kunden: „Herr, hilf, ich suche nach einer
> Lösung …" Oder er senkt den Blick zu oft, was als
> unsicher oder gehemmt interpretiert wird.

Variieren Sie öfter Ihren Blick. Sehen Sie den Kunden an,
wenn er spricht. Dies signalisiert ihm, dass Sie „an seinen
Lippen hängen". Sagen Sie selbst etwas, können Sie den
Blick auch einmal kurz abwenden. Schaut Ihnen jemand
länger durchdringend in die Augen, so haben Sie drei Möglichkeiten, die für Sie brisante Lage zu entschärfen:

• Sie wenden den Blick ab. Doch dies könnte Ihr Gegenüber
  als leichten Sieg für sich verbuchen.

• Sie halten dem Blick stand, doch dann wird die Situation
  für beide unangenehm, denn keiner möchte aufgeben,
  jeder möchte den Augenkampf für sich entscheiden.

• Sie schauen dem anderen auf die Nasenwurzel. So hat er
  das Gefühl, dass Sie ihm in die Augen schauen. Er kann
  Ihren Blick nicht richtig deuten, hierdurch haben Sie einen
  klaren Vorteil. Bitte wenden Sie diese Methode nur bei
  unfairen Verhandlungspartnern an.

Was tun Sie, wenn Ihr Kunde Ihnen nicht gut in die Augen
schauen kann? Helfen Sie ihm:

• Schauen Sie Ihn nicht pausenlos an.

- Richten Sie Ihren Blick auf die Unterlagen, die vor Ihnen liegen.

- Lassen Sie Ihren Blick unbestimmt über sein Gesicht schweifen.

Hören Sie ihm dabei aktiv zu. Lächeln Sie ihn freundlich an, so werden Sie auch einen schüchternen Gesprächspartner dazu bringen, dass er Ihnen seine Wünsche und Vorstellungen offenbart.

Blickkontakt und seine mögliche Wirkung auf den Gesprächspartner	
Blickkontakt	Mögliche Bedeutung
offener, gerader Blick	Sicherheit, Aufrichtigkeit
Blick nach unten	Betroffenheit, unangenehme Situation
Blick nach oben	suchen, „Herr, hilf …"
ausweichender Blick	Unsicherheit, Arroganz,
fixierender Blick	übertriebene Sicherheit, will den Augenkampf gewinnen, wirkt unangenehm und einschüchternd
Blick von oben herab	Missachtung
häufiges Bewegen der Lider	Nervosität
sehr langer, intensiver Blickkontakt	Vertrauen, Offenheit, Sicherheit, Verliebtheit

Mimik

> *Wer nicht lächeln kann, sollte kein Geschäft eröffnen!*
> *(chinesisches Sprichwort)*

Eine freundliche Mimik öffnet Türen und sorgt für eine positive Gesprächsatmosphäre. Ein verbindliches Lächeln zu Beginn der Unterhaltung wirkt sympathisch und stellt einen persönlichen Kontakt zu Ihrem Kunden her. Doch übertreiben Sie nicht! Sie möchten sicher nicht, dass Ihr Gegenüber an Ihrer Ernsthaftigkeit zweifelt und Sie womöglich unseriös wirken.

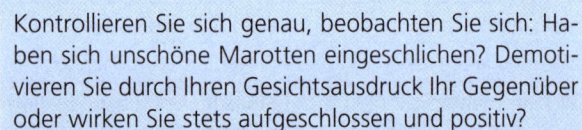

Kontrollieren Sie sich genau, beobachten Sie sich: Haben sich unschöne Marotten eingeschlichen? Demotivieren Sie durch Ihren Gesichtsausdruck Ihr Gegenüber oder wirken Sie stets aufgeschlossen und positiv?

Ihre Mimik zeigt deutlich, wie Ihre Lebenseinstellung ist, welches Verhältnis Sie zu Ihren Mitmenschen haben. Denken Sie daher immer daran: „Jeder ist für sein Gesicht selbst verantwortlich!"

Mimik und deren mögliche Wirkung auf den Gesprächspartner	
Mimik	Mögliche Bedeutung
waagerechte Falten auf der Stirn	Konzentration, Unbehagen
Naserümpfen	unangenehme Situation
Zucken der Mundwinkel	Skepsis

Mimik und deren mögliche Wirkung auf den Gesprächspartner	
herabgezogene Mundwinkel	Trauer, Enttäuschung
geöffneter Mund	Erstaunen, Genusssucht, Aufnahmebereitschaft
verkniffene, geschlossene Lippen	Entschlossenheit, Starrsinn
zusammengepresste Lippen	Verbissenheit, Wut
Befeuchten der Lippen	Genuss, Nervosität
hochgeschobene Unterlippe	Schmollen, Überlegung, Ablehnung

Gestik

Unter „Gestik" verstehen wir die Gesamtheit der Gesten, insbesondere der Hände und der Arme. Mit diesen Bewegungen bringen wir unsere innere Haltung zum Ausdruck. Durch Gestik und Mimik verstärken wir die Ausdruckskraft unserer Sprache. Gesten sind abhängig vom jeweiligen Kulturkreis und auch von unserem Temperament. Sie können Ihre Ausführungen durch gezielte Gesten unterstreichen. Doch vergessen Sie bitte nicht, dass Ihre Gestik mit dem gesprochenen Wort und Ihrem Gesichtsausdruck in Einklang sein sollte. Nur so wirken Sie glaubwürdig. Nicht jeder ist ein extrovertierter Menschentyp, der temperamentvoll mit Händen und Armen redet. Sind Sie eher schüchtern, so ist es besser, Gesten nur sparsam einzusetzen. Sie wollen ruhig, souverän und authentisch wirken. Dazu sollte auch

Ihre Gestik passen – hektische Bewegungen wirken fahrig und nervös.

Gestik und ihre mögliche Wirkung auf den Gesprächs-partner	
Gestik	Mögliche Bedeutung
Arme vor der Brust gekreuzt	Ergebenheit, Schutz, Demut
starkes Gestikulieren	Engagement, Temperament, Euphorie, Aggressivität, Unruhe
Öffnen der Hand	Entspannung
beide Handflächen senkrecht	Abgrenzung, Strukturierung
Handflächen nach unten	Besänftigung, Unterdrückung
weite Armbewegungen	Sicherheit, Offenheit
enge Armbewegungen	Unsicherheit, Verschlossenheit
Arme verschränkt	Abwarten, Ablehnung, Ver-schließen
Händereiben	Freude, Schadenfreude, Unruhe, „Hände in Unschuld waschen"
Zeigefinger heben	Ermahnung, Belehrung, Auf-merksamkeit wecken
Zeigefinger auf jemanden richten	Angriff, Anklage, zeigen
mit dem Finger auf den Tisch pochen	Nachdruck verleihen, eventuell Aggressivität

Wohin mit den Händen?

Diese Frage stellen die Teilnehmer meiner Seminare häufig. Bei gesellschaftlichen Anlässen kann es hilfreich sein, sich an einem Glas festzuhalten. Dieser Rettungsanker bietet sich bei Verkaufsverhandlungen jedoch selten. Was können Sie also tun, um im Kundengespräch einen souveränen Eindruck zu hinterlassen?

• Vermeiden Sie es stets, die Hände in die Hosentaschen zu stecken. Dies wird von vielen Menschen als nachlässig und unhöflich empfunden. In lockerer Runde jedoch dürfen Sie ab und zu die Hand in der Hosentasche verstecken – allerdings nur eine!

• Es ist eine schlechte Angewohnheit, wenn Sie laufend an Ihrem Ring spielen oder Ihren Kugelschreiber auf Funktionstüchtigkeit testen.

• Vermeiden Sie starkes Rudern mit Händen und Armen, Sie laufen Gefahr, nicht mehr ernst genommen zu werden.

• Ihre Hände liegen auf dem Tisch und formen ein nach vorne zeigendes Spitzdach. Dies signalisiert Ihrem Gegenüber: „Meine Meinung steht fest, ich lasse keine weiteren Einwände zu." Dieser „Schneepflug" ist immer ein Zeichen von mangelnder Souveränität.

Auf den Punkt gebracht

Ihre Körpersprache sagt sehr viel über Ihren Gemütszu-
stand aus. Achten Sie daher auf Körper- und Kopfhaltung,
auf Mimik und Gestik, bei sich selbst und auch bei Ihren
Kunden. Vielleicht haben Sie durch dieses Kapitel mehr
Gespür für die Körpersprache bekommen. Wenn Sie die
körpersprachlichen Signale wiedererkennen und als Mittel
zum besseren Verstehen Ihrer Kunden nutzen, wird dies
gewiss zum positiven Verlauf Ihrer Verkaufsgespräche
beitragen.

Aktives Zuhören

Wer zuhören kann, erspart sich viele Worte! (Ernst Ferstl)

Beim aktiven Zuhören geben Sie dem Kunden durch sprach-
liche (verbale) und körpersprachliche (nonverbale) Signale
Rückmeldungen darüber, dass – und auf welche Weise – Sie
seinen Ausführungen folgen.

Wichtig für Ihren Verkaufserfolg ist es, sich so zu verhalten,
dass es Ihnen gelingt, Ihren Kunden bestmöglich einzuschät-
zen. Wenn Sie überlegen:

• „Was beschäftigt meinen Kunden wirklich?" oder

• „Was ist für ihn besonders wichtig?",

so finden Sie in vielen Fällen Hinweise für eine erfolgreiche
Verhandlung.

Gehen Sie auf die genannten Details, also die Wünsche Ihres Kunden, so weit wie möglich ein. Von den zusätzlichen

Vorzügen Ihres Angebots nennen Sie nur die, welche Ihrem Kunden – und auch Ihnen – wirklich weiterhelfen.

Viele Verkäufer begehen den Fehler, ihren Kunden mit zu vielen Informationen zu überfordern. Wenn sie den anderen dann endlich zu Wort kommen lassen, warten sie während seiner Aussage schon ungeduldig darauf, mit ihrem Konzept fortzufahren. Häufig unterbrechen sie den Kunden – dies ist einer der schlimmsten Fehler, die ein Verkäufer begehen kann.

Fehler beim Zuhören

Kunde: „Für die neuen Maschinen benötigen wir eine automatische Steuerung, weil wir …"

Verkäufer unterbricht: „Ich weiß schon, was Sie meinen. Alle neuen Maschinen verfügen über eine automatische Steuerung."

In Wirklichkeit weiß der Verkäufer herzlich wenig von dem, was den Kunden bewegt, und verpasst die Chance, mehr zu erfahren. Leider sind solche missratenen Dialoge gar nicht selten. Die gesamte Unterhaltung bleibt an der Oberfläche. Deshalb: Leihen Sie Ihren Kunden Ihr Ohr, nicht Ihre Zunge!

Um mehr zu erfahren, ist es notwendig, dass wir unsere Meinungen und Erwartungen vorübergehend ausblenden. Nur so können wir uns konzentrieren und die Welt aus der Sicht des Kunden betrachten. Allein der Wille zum Zuhören reicht nicht aus, aktives Zuhören erfordert viel Konzentration, Übung und Selbstbeherrschung. Richtig zuhören wird nur ein Verkäufer, der sich wirklich für den Kunden interessiert.

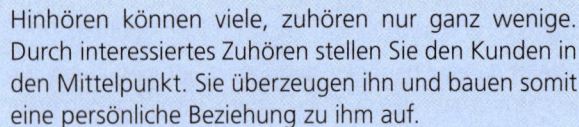

Hinhören können viele, zuhören nur ganz wenige. Durch interessiertes Zuhören stellen Sie den Kunden in den Mittelpunkt. Sie überzeugen ihn und bauen somit eine persönliche Beziehung zu ihm auf.

Verstehen wir immer alles richtig?

Es ist auch für den geübten Zuhörer nicht möglich, hundert Prozent von dem Gesagten aufzunehmen und zu behalten. Bestimmt kennen Sie aus Ihrer Kindheit das Spiel „Stille Post". Dann wissen Sie, dass es bei der Weitergabe von Informationen unweigerlich zu Verlusten kommt. Für Kinder ist das lustig. Für den Verkäufer hat diese Tatsache mitunter unangenehme Folgen, d. h. es kommt zu Umsatzverlusten.

Die häufigsten Fehler, die der Zuhörer begeht

- Er unterbricht.
- Er ist ungeduldig.
- Er macht sich keine Notizen.
- Er stellt zu wenig Fragen.
- Er bestätigt zu wenig.
- Er zieht voreilige Schlüsse.
- Er interpretiert.
- Er entwickelt Wunschvorstellungen.
- Er differenziert zu wenig.

- Er konzentriert sich nicht.

- Er hält keine Pausen aus.

- Er glaubt zu wissen, was sein Gegenüber sagen möchte.

- Er lässt sich zu leicht ablenken.

- Er hört nur das, was er hören möchte.

Bestätigungen

Bestätigungen werden auch „Zustimmung", „Feedback" oder „Rückmeldungen" genannt. Wie auch immer Sie es nennen, hierdurch signalisieren Sie Ihrem Kunden, dass Sie an seinen Ausführungen interessiert sind und sie verstehen. So wird es für Sie leichter, weitere Informationen von Ihrem Gesprächspartner zu erhalten.

Bestätigen können Sie seine Aussage durch:

- „Das hört sich gut an."

- „Ich verstehe."

- „Da stimme ich Ihnen zu."

- „Interessant."

- „Ausgezeichnet."

- „Das leuchtet ein."

- „Ja, woran denken Sie speziell?"

- „Eine wichtige Überlegung."

Die beiden Wörter „ja" und „nein" sollten Sie sehr bewusst einsetzen, da hiermit meist eine Wertung verbunden ist.

Möchten Sie neutral bleiben, so benutzen Sie ein unverbindliches „Hm …", verbunden mit einem freundlichen Gesichtsausdruck.

Eine weitere elegante Möglichkeit ist es, den gehörten Satz (oder einen Teil davon) zu wiederholen:

Bestätigung durch Wiederholung

Der Kunde sagt: „Wir hatten im letzten Jahr eine Steigerung von 8,5 %."

Der Verkäufer fragt freundlich nach: „8,5 %?"

Der Kunde führt aus: „Ja, das haben wir erreicht, indem wir …"

Nun folgen in aller Regel weitere interessante Informationen. Sie werden feststellen, dass Details, die Sie auf diese Weise erhalten, der Unterhaltung mehr Tiefe geben. Stellen Sie möglichst keine Fragen, die Ihr Kunde mit Ja oder Nein beantworten kann, denn dadurch wird der Gesprächsfluss gestört. Die meisten Informationen erhalten Sie, wenn Sie Ihre Bestätigungen neutral, ohne Bewertung abgeben. Die Rückmeldungen können auch umfassender sein:

Weitere Informationen durch Rückmeldung

Der Kunde sagt beispielsweise: „Die Sicherheit steht an erster Stelle!"

Der Verkäufer entgegnet: „Das verstehe ich sehr gut. An welche Maßnahmen haben Sie gedacht?"

Oder der Kunde äußert: „Die Einarbeitung der Mitarbeiter muss gewährleistet sein."

> *Der Verkäufer bestätigt: „Da stimme ich Ihnen zu. Wann soll die Einweisung der Mitarbeiter beginnen und wie viele haben Sie dafür vorgesehen?"*

Durch Ihre Bestätigung mit anschließender Frage kommt es zu einem geregelten Dialog.

Gute Zuhörer sind beliebt

Welche Berufe stehen in der Beliebtheitsskala an vorderster Stelle? Es sind die des Arztes, des Geistlichen und des Therapeuten. Alles Berufe, bei denen es in besonderem Maße auf das Zuhören ankommt. Zumindest sollte es so sein. Denn nur wenn diejenigen, die diese Berufe ausüben, gute Zuhörer sind, sind Sie auch beliebt und werden frequentiert.

Bestimmt haben Sie Folgendes schon einmal beobachtet: Zwei Personen unterhalten sich. Die eine hat einen Gesprächsanteil von 80 Prozent, die andere von 20 Prozent. Nehmen wir an, die Unterhaltung ist aus der Sicht beider Beteiligten gut und angenehm verlaufen. Was wird die Person mit dem hohen Gesprächsanteil wohl über die andere sagen? „Das war nun wirklich ein aktiver Zuhörer." oder: „Endlich, das war jemand, dem ich alles erzählen konnte." oder vielleicht: „Diese Person konnte wirklich gut zuhören"? Keine der Aussagen ist wahrscheinlich. Eher wird ein Gesprächspartner sagen: „Mit ihm/ihr kann man sich gut unterhalten."

Ein größeres Kompliment kann ein Verkäufer nicht erwarten, denn solche Verkäufer sind beliebt. Viel zu häufig wird die Fähigkeit des aktiven Zuhörens unterbewertet. Dabei würden im Kundengespräch Kommunikationsbarrieren vermieden, wenn mehr Verkäufer diese Gabe hätten. Missverständnisse mit ihren daraus resultierenden Konflikten würden erst gar nicht entstehen.

Auch wenn Sie es nicht immer schaffen, dass Ihr Kunde 80 Prozent der Unterhaltung bestreitet – achten Sie unbedingt darauf, dass er mehr spricht als Sie. Verkäufer, die sich gerne reden hören, sind eine Geißel der Menschheit.

Interessant finde ich die Differenzierung von Günter F. Gross (Gross, Checklist Kommunikation). Er schreibt über einen Kommunikationsquotienten, dem Verhältnis vom Reden zum Zuhören:

- 50 : 50 – Sie sind auf dem Weg nach oben.
- 20 : 80 – Sie sind oben.
- 80 : 20 – Sie sind auf dem Weg nach unten.

Ich wünsche Ihnen, dass Sie bei Ihren Verkaufsverhandlungen stets den richtigen Weg beschreiten.

Eine chinesische Geschichte

Ein in der Meditation geübter Mann wurde gefragt, warum er immer so gesammelt sei. Daraufhin sagte er: „Wenn ich sitze, sitze ich. Wenn ich stehe, stehe ich. Wenn ich laufe, laufe ich." Da sagten sie zu ihm: „Das tun wir auch!" Er entgegnete aber: „Wenn ihr sitzt, dann steht ihr schon, wenn ihr steht, dann lauft ihr schon, und wenn ihr lauft, dann seid ihr bereits am Ziel."

Vielleicht finden auch Sie sich in Ihrem Alltag in dieser Geschichte wieder? Allzu oft sind wir gedanklich schon einen Schritt weiter. Doch wie schafft es ein Mensch, trotz der

Reizüberflutung unserer hektischen Zeit, sich auf eine Sache zu konzentrieren? Der Möglichkeiten gibt es sicher viele. Mein Tipp für Sie ist: Beginnen Sie, „aktives Zuhören" zu üben. Seien Sie im Moment der Unterhaltung ganz bei Ihrem Gegenüber. Ich bin davon überzeugt, das können Sie lernen, ebenso wie Sie das Rechnen, das Schreiben und das Lesen lernen konnten. Nehmen Sie sich vor, ein versierter Zuhörer zu werden!

Tipps für aktives Zuhören

Wer richtig zuhören will, muss schweigen können.

Richtige Informationen sind die optimale Grundlage zur Ausübung Ihres Berufs. Welche Rahmenbedingungen sollten Sie beachten und wie sollten Sie sich sprachlich und körpersprachlich verhalten, um mehr von Ihrem Gesprächspartner zu erfahren?

- Schaffen Sie eine angenehme Atmosphäre.
- Beachten Sie die Sitzordnung.
- Schalten Sie Störungen aus.
- Nehmen Sie sich Zeit.
- Strukturieren Sie das Gespräch.
- Machen Sie sich Notizen.
- Ertragen Sie Redepausen.
- Schweigen Sie freundlich.
- Unterbrechen Sie nicht.
- Seien Sie tolerant.

- Zeigen Sie eine positive Einstellung.

- Besiegen Sie Ihre Ungeduld.

Beachten Sie auch ihr nonverbales Verhalten:

- Zeigen Sie eine offene und zugewandte Körperhaltung.

- Entspannen Sie Ihren Gesichtsausdruck.

- Lächeln Sie – Sie fühlen sich gleich besser.

- Nicken Sie ab und zu mit dem Kopf.

- Zeigen Sie eine offene Handhaltung.

- Halten Sie Blickkontakt.

Auf den Punkt gebracht

Zeigen Sie Ihren Kunden durch Ihr Verhalten, wie wichtig sie Ihnen sind. Analysieren Sie Ihr aktives Zuhören. Verbessern Sie Ihre Methode für eine professionelle Kommunikation – und Sie werden erfolgreicher!

Wenn Sie zu dem Thema „Präsentation" noch weitere Informationen suchen, empfehle ich Ihnen aus der Reihe Beck kompakt den Titel „Erfolgsrhetorik – Reden und Präsentationen erfolgreich meistern".

Den Preis vermitteln

Bitte stellen Sie sich folgende Situation vor: Sie haben die Gesprächsvorbereitung, die Kontaktphase, die Bedarfsermittlung und die Präsentation professionell durchgeführt. Der Kunde hat Gefallen an Ihrem Produkt oder Ihrer Dienstleistung gefunden und stellt die alles entscheidende Frage: „Was kostet das?" Ein guter Verkäufer freut sich über diese Frage, denn sie signalisiert die Kaufabsicht. Nun sollten Sie sich dem Kunden zuwenden, ihm mit freundlicher Mimik in die Augen schauen und mit einer unterstreichenden Geste Ihren Preis nennen. Ihre Stimme sollte in jedem Fall fest und überzeugt klingen:

> ## Beispiel: Was kostet das?
>
> *„Herr Wagner, der Preis für die Sonderanfertigung beträgt 88 Euro pro Stück. Die Kosten für Fracht, Verpackung und Versicherung sind darin bereits enthalten. Wie viel Stück benötigen Sie und an welchen Termin haben Sie gedacht?"*

Ein unsicherer Verkäufer wird sich so nicht verhalten. Denn er empfindet es unangenehm, den Preis zu nennen. Meist hat er Angst vor einer Ablehnung. Sein Blutdruck und die Pulsfrequenz steigen an, sein Blick weicht dem des Kunden aus, sein Gesicht wirkt ernst und verunsichert. Er zieht die Schultern hoch und sagt vorsichtig, in einer leiseren Tonart: „Äh, 88 Euro." Daraufhin entgegnet der Kunde womöglich: „Das ist einfach zu teuer!" Die abschlägige Antwort hat der Verkäufer durch sein zauderndes Verhalten provoziert.

Nicht selten scheitern Geschäftsabschlüsse an solch unprofessionellem Vorgehen. Der Käufer hat die Unsicherheit des

Verkäufers gespürt und seine Schlüsse daraus gezogen. Er wird nun versuchen, den Preis zu drücken und die Angelegenheit zu seinen Gunsten zu entscheiden. Viele Kunden nutzen diese Schwäche des Anbieters gnadenlos aus!

Nennen Sie niemals den Preis allein! Dies fordert meist zum Widerspruch heraus. Stellen Sie immer eine Beziehung zu Neuentwicklung, Nutzen, Rentabilität etc. her.

Im Folgenden erfahren Sie, wie Sie Sicherheit und Überlegenheit ausstrahlen. Nur so können Sie den bestmöglichen Preis erzielen.

Professionelles Verhalten bei der Nennung des Preises

Die Reaktion des Kunden hängt sehr stark von Ihrem Verhalten ab.

- Zeigen Sie Freude an der Preisargumentation. Voraussetzungen sind eine freundliche Mimik und eine entspannte Stimme.

- Legen Sie vor und nach der Nennung des Preises keine Sprechpause ein, damit der Kunde nicht die Gelegenheit nutzt, Ihnen ins Wort zu fallen.

- Bemühen Sie sich um eine positive Ausdrucksweise.

- Nennen Sie den Preis nie allein.

- Verpacken Sie den Preis in zwei Vorteile: Vorteil – Preis – Vorteil.

- Unterstützen Sie Ihre Argumentation durch Visualisierung.

- Legen Sie Ihre Kalkulationsunterlagen auf den Tisch.

- Nennen Sie die kleinste (vernünftige) Einheit.

- Senden Sie positive körpersprachliche Signale.

- Nennen Sie den Preis nicht zu früh, sondern erst, nachdem Sie auf Leistungen und Nutzen hingewiesen haben.

- Achten Sie auf den optimalen Zeitpunkt.

- Sehen Sie Ihren Preis als selbstverständlich und angemessen an und bringen Sie dies auch zum Ausdruck.

Was kostet das?

Weshalb Sie den Preis nie allein nennen sollen und wie sie sich bei der Nennung des Preises richtig verhalten, haben wir bereits erwähnt. Wenn Sie den Preis nennen, strahlen Sie Sicherheit aus durch:

- offenen Blickkontakt,

- eine freundliche Mimik,

- einen zugewandten Körper,

- positive Gestik,

- überzeugende, entspannte Stimmlage.

Es gibt drei bewährte Methoden, mit denen Sie auf die Frage „Was kostet das?" antworten können:

Teilungsmethode

Nennen Sie nicht den Gesamtpreis, da dieser eventuell zu hoch erscheinen könnte. Sprechen Sie lieber vom Basispreis und von weiteren Teilpreisen:

> *Beispiel*
>
> *„Der Grundpreis für dieses Sondermodell beträgt 9.000 €. Wenn Sie eine automatische Steuerung wünschen, rechnen Sie dafür bitte mit einem Aufpreis von 2.300 € und für die Lackierung in Ihren Firmenfarben mit 800 €. Werden Sie das Gerät selbst abholen oder sollen wir eine Spedition beauftragen?"*

Verpackungsmethode

Die Verpackungsmethode wird auch „Sandwichmethode" genannt. Das heißt, Sie lassen den Preis zwischen zwei Vorteilen einfließen. Dies könnte Ihre Standardmethode werden, denn Sie können sie (fast) immer einsetzen.

> *Beispiel*
>
> *„Der Sonderpreis für dieses Fahrzeug beträgt 32.000 Euro, der Motor mit geringerem CO_2-Ausstoß ist darin bereits eingeschlossen. Zu welchem Termin möchten Sie das Fahrzeug haben?"*

Verkleinerungsmethode

Nennen Sie nicht den Gesamtpreis, sondern den Preis für eine vernünftige kleinere Einheit.

> ### Beispiel
>
> *Wenn beispielsweise ein 100 m² großer Hof mit Pflaster-*
> *steinen versehen werden soll, so formulieren Sie nicht: „Das*
> *kostet 6.500 Euro." Sagen Sie lieber: „Für einen Quadratme-*
> *ter rechnen Sie bitte mit 65 Euro. Möchten Sie die Steine in*
> *Hellgrau oder in Anthrazit?"*

Sie haben sicher bemerkt, dass jede Antwort auf den Preis
mit einer anschließenden Frage zum weiteren Ablauf endet.
Dadurch bringen Sie den Kunden dazu, nicht nur über den
Preis, sondern auch über das weitere Vorgehen nachzuden-
ken.

Zu teuer!

Diese Aussage des Kunden kann viele Gründe haben:

• Er muss vor seinem Chef gut dastehen.

• Er vergleicht mit dem Preis des Wettbewerbs.

• Der Preis passt nicht zu seiner Finanzplanung.

• Er will den Preis drücken.

• Er möchte für sich und sein Unternehmen einen Vorteil
  erzielen.

• Er will Ihren Preis als Druckmittel gegenüber dem Wettbewerb einsetzen.

Widerspruch bei der Nennung des Preises ist ganz normal,
denn als Einkäufer hat der Kunde gelernt: Im Einkauf liegt
der Gewinn! Und da er mit seinem Einspruch schon häufig
Erfolg hatte, wird er diese Taktik auch bei Ihnen anwenden.

Wenn Sie an seiner Stelle wären, würden Sie gewiss genauso vorgehen. In den vergangenen Jahren hat der Preiskampf zunehmend an Härte gewonnen. Nachfolgend erfahren Sie, wie Sie auf den Einwand „zu teuer" am geschicktesten reagieren:

Nachteil-Vorteil-Methode

„Herr Müller trifft es zu, dass der Preis für das Modell B um 3.000 Euro höher ist?" Nun sollten Sie den tatsächlich höheren Preis zugeben, um dann die Vorteile besonders herauszustellen: „Das ist richtig. Bei der Wartung sparen Sie jedoch 800 Euro jährlich. Über wie viele Jahre werden die Geräte steuerlich abgeschrieben?"

Rückfragemethode

„Im Verhältnis wozu sind wir zu teuer?" – „Stimmen wir, außer beim Preis, in allen anderen Punkten überein?" – „Weshalb erscheint Ihnen der Preis als zu hoch?" Sie geben den Einwand zurück, um Zeit zu gewinnen. Durch eine Frage bekommen Sie mehr Informationen, anhand derer Sie den Einwand entschärfen können.

Ja-aber-Methode

Die Bezeichnung „Ja-aber-Methode" ist etwas irreführend. Das Ja ersetzen Sie besser durch eine andere zustimmende Formulierung, das Wort „aber" durch „allerdings", „jedoch", „nur", „obwohl". Zum Beispiel: „Da stimme ich Ihnen zu. Bitte bedenken Sie jedoch, dass sich drei entscheidende Vorteile für Ihr Unternehmen ergeben: 1. ..., 2. ..., 3. ..."

Qualitätsmethode

Die Qualitätsmethode eignet sich besonders, wenn der Preisunterschied zum Wettbewerb nur gering ist: „Herr Wagner, im Verhältnis zu der langen Lebensdauer ist der Preis sehr günstig. Wie viele Jahre war das alte Gerät bei Ihnen im Einsatz?"

Rückstellmethode

„Herr Wagner, machen Sie doch bitte erst einmal eine Probefahrt, dann sprechen wir noch einmal über den Preis. Hier sind die Schlüssel, viel Spaß!"

Wenden Sie die Rückstellmethode immer dann an, wenn dem Kunden sein Nutzen noch nicht transparent ist.

Divisionsmethode

Dividieren Sie den Preis durch Laufzeiten oder Mengen wie Kilogramm, Quadratmeter oder Stückzahl: „Herr Wagner, ich verstehe Ihr Argument. Doch bei einer Investition von 10.000 € und einer Nutzungsdauer von fünf Jahren sind das lediglich 2.000 € pro Jahr.

Offenbarungsmethode

„Herr Wagner, unter welchen Umständen sind Sie denn bereit, meinem Angebot zuzustimmen?"

Die Offenbarungsmethode ist ein letzter Versuch, wenn Ihr Gegenüber Ihre gesamte Preisargumentation verworfen hat. Vielleicht ist er grundsätzlich gar nicht interessiert? Legen Sie nach dieser Frage eine Pause ein. Lassen Sie den Kunden unbedingt ausreden!

Differenzmethode

„Herr Wagner, der Preis beträgt 700 Euro. Wir sprechen also lediglich über eine Differenz von 30 Euro pro Stück."

Wenn Ihr Wettbewerb die Leistung für 670 Euro pro Stück anbietet, so sprechen Sie nicht über den Stückpreis, sondern lediglich über die „geringe" Differenz.

Was tun, wenn der Wettbewerb günstiger ist?

Ausschlaggebend ist, dass Ihr Kunde seine Vorteile erkennt, wenn er das Geschäft mit Ihnen tätigt. Dann wird er auch eher einem höheren Preis zustimmen.

Die Preisdifferenz zum Angebot des Wettbewerbs, nicht der Gesamtpreis muss vom Verkäufer relativiert und geschickt dargestellt werden. Dazu gehört vor allem die Nennung des „geldwerten Vorteils". Für diese Argumentation braucht der Verkäufer genaue Informationen über die Produkte und Dienstleistungen des Wettbewerbs sowie über dessen Stärken und Schwächen.

Gute Verkäufer sammeln sorgfältig alle diesbezüglichen Informationen und setzen somit leichter ihre Preise durch.

Im Folgenden gebe ich Ihnen einige Anregungen, die Sie auf Ihr Unternehmen, Ihre Produkte und Dienstleistungen übertragen können. Es sind jeweils geldwerte Vorteile genannt:

- „Wir übernehmen ja die Kosten für die Mitarbeiterschulung, wissen Sie …"

- „Die Planungskosten werden stark reduziert, das ist …"

- „Der Materialwert ist wesentlich höher, daran erkennen Sie …"

- „Die Garantiezeit hat unser Unternehmen verlängert, das bedeutet für Sie …"

- „Die Transportkosten sind bereits im Preis enthalten, das entspricht …"

- „Wie Sie sagten, sind Sie mit unserem 24-Stunden-Kundendienst sehr zufrieden. In Zukunft …"

- „Die Installationskosten betragen weniger als 30 % der üblichen Kosten, damit können Sie …"

- „Sie haben einen Zeitgewinn von sechs Tagen, das entspricht …"

- „Das Image unserer Produkte hilft Ihnen, Ihre Werbemaßnahmen …"

- „Sie erreichen eine Personaleinsparung von zwei Mitarbeitern …"

- „Durch die Wartungsfreundlichkeit ersparen Sie sich …"

- „Beim Einsatz dieser Geräte erhalten Sie ein 'Alleinstellungsmerkmal'. Dadurch …"

- „Unser 'persönlicher Kontakt' hat Ihnen …"

Auf den Punkt gebracht

Alle geldwerten Vorteile sollte Ihnen, bezogen auf den jeweiligen Wettbewerb, bewusst sein, damit Sie bei Preisgesprächen jeweils das passende Argument zur Hand haben. Verkäufer gehen häufig davon aus, dass dem Einkäufer alle Vorteile bekannt sind. Außer fachlichen Aspekten spielen auch Fairness, Sympathie, Vertrauen und Freundschaft eine Rolle.

Was tun, wenn der Kunde Nein sagt?

Als Steigerung zu der Antwort „zu teuer", könnte der Kunde auch einfach Nein sagen. Doch auch in diesem Fall ist der Auftrag noch nicht verloren. Wenn Sie vor Gesprächsbeginn eine sorgfältige Bedarfsanalyse durchgeführt haben, wird Ihnen klar sein, worauf der Kunde besonderen Wert legt. Bisher werden Sie wohl kaum jedes Argument ins Spiel gebracht haben. Wenn Sie sich optimal auf den Kunden eingestellt haben, können Sie nach dem Nein auf jeden Fall noch weiterkämpfen. Dazu empfehle ich Ihnen folgende Strategien:

• Hören Sie aktiv zu und versetzen Sie sich in die Situation des Kunden.

• Setzen Sie gezielt die Fragetechnik ein, um zu erfahren, aus welchen Gründen Sie eine Absage erhalten haben.

• Erinnern Sie ihn daran, dass frühere Einsparungen sich letztlich doch nicht für ihn gerechnet haben.

- Gehen Sie auf die Vor- und Nachteile des Angebots ein, das der Wettbewerb gemacht hat. Bleiben Sie jedoch unbedingt sachlich. Es rächt sich, wenn Sie die Konkurrenz in Misskredit bringen.

- Stellen Sie sich noch stärker auf die Persönlichkeit des Kunden ein.

- Verkaufen Sie mit dem Bleistift! Notieren Sie links den Preis, rechts führen Sie alle Vorteile auf.

- Bemühen Sie sich um eine positive Ausdrucksweise, bleiben Sie bestimmt in der Sache, doch verbindlich in der Form.

- Nennen Sie Vorteile und zusätzliche Informationen, die Ihrem Kunden noch nicht bekannt sind.

- Holen Sie von Ihrem Vorgesetzten die Erlaubnis ein, die Zahlungsbedingungen zu verbessern.

- Zeigen Sie Pläne, Modelle und Bilder, die Ihr Kunde noch nicht gesehen hat.

- Informieren Sie ihn über noch nicht genannte Referenzen.

- Schlagen Sie vor, dass sich Ihr Interessent bei einem Ihrer Kunden über Ihr Produkt informieren kann.

- Berichten Sie über – nachweisbare – positive Erfahrungen eines ehemaligen „Neinsagers".

Auf den Punkt gebracht

Das Nein Ihres Kunden bedeutet nicht in jedem Fall, dass eine endgültige Entscheidung gefallen ist. Kämpfen Sie um den Auftrag. Begeistern Sie Ihren Kunden für den vorbereiteten Plan B und beginnen Sie mit einer neuen Präsentation.

Der Verkaufsabschluss

Es gibt informierte Kunden, die genau wissen, was sie wollen. Sie äußern ihre Kaufabsicht direkt, mündlich oder schriftlich. Oft handelt es sich um zufriedene Dauerkunden, vielleicht auch um Interessenten, die auf Empfehlung eines Ihrer Geschäftspartner zu Ihnen gekommen sind. Um alle übrigen Kunden müssen Sie kämpfen. Der Verkaufsalltag liegt wahrscheinlich zwischen diesen beiden Extremen. Jedes Verkaufsgespräch verläuft unterschiedlich. Mit einer eingefahrenen Masche, die immer wieder eingesetzt wird, werden Sie auf Dauer nicht viel erreichen. Bleiben Sie deshalb aufmerksam, flexibel und kreativ. Wenn Sie den Auftrag nun endlich in der Tasche haben, werden „Glückshormone" ausgeschüttet. Ein tolles Gefühl, das alle vorangegangenen Mühen lohnenswert erscheinen lässt!

Jeder Mensch hat Angst vor Fehlern und Misserfolgen. Der Verkäufer fürchtet das endgültige Nein des Kunden. Doch verlieren Sie nicht den Mut, üben Sie sich in Selbstbejahung: Wenn er dieses Mal nicht gekauft hat, so wird er es beim nächsten Mal tun!

Abschlusstechniken

Bei den Teilnehmern meiner Seminare steht der Wunsch, die eigene Abschlusstechnik zu verbessern, häufig an erster Stelle. Das ist verständlich, denn der Verkaufsabschluss ist der Lohn für den geleisteten Einsatz.

„Glück hat nur der Tüchtige." Damit meint der Volksmund, dass Fachwissen, Einsatz und Ausdauer die grundlegenden

Voraussetzungen für einen Kaufabschluss sind. Wichtig ist in erster Linie die richtige Behandlung des Kunden. Das notwendige Quäntchen Glück ist sicherlich unabdingbar, doch kann es sich nur einstellen, wenn Sie die zuvor genannten Punkte berücksichtigen. Ein Patentrezept für Verkaufsabschlüsse gibt es leider nicht, jeder muss von Fall zu Fall seinen eigenen Weg suchen.

Der Auftrag beginnt bereits mit einem ausgeklügelten Marketing, einer zeitgemäßen Werbung und gezielten PR-Aktionen eines Unternehmens. Diese Maßnahmen sollen schon bei der ersten Kontaktaufnahme eines Interessenten Kaufwünsche hervorrufen. Die professionelle Bedarfsermittlung, das sichere Auftreten, die gezielte Produktpräsentation und die richtige Gesprächsführung ebnen den Weg zum Kaufabschluss.

Um auf Dauer erfolgreich zu sein, sollten Sie typische Fehler in der Vorbereitungs- und Abschlussphase vermeiden:

- unsicheres, unprofessionelles Auftreten
- unzureichende Fachkenntnisse
- Nichtbeherrschen der Fragetechnik
- zu viele Feststellungen und Behauptungen
- fehlender Blickkontakt
- unfreundliche Mimik
- negative Gestik
- schlechte Sprechtechnik
- kein aktives Zuhören
- keine klare Zielsetzung

- keine typgerechte Behandlung

- fehlende Bedarfsanalyse

- unprofessionelle Präsentation

- fehlerhafte Einwandbehandlung

- falsche oder fehlende Namensnennung

- zu schnell zum Abschluss kommen wollen

- zu wenig Vertrauen aufbauen

Die Abschlusstechnik ist die Kunst, mit psychologisch und strategisch zweckmäßigen Mitteln den Verkaufsabschluss zu erreichen. Die folgenden Methoden können Sie in der Abschlussphase eines Verkaufsgesprächs je nach Situation einsetzen und damit zum Erfolg kommen. Die Ja-Fragen-Straße und die Alternativfragen sind Ihnen bereits aus dem Kapitel „Bedarfsanalyse" bekannt. Nachfolgend die spezielle Anwendung in der Abschlussphase.

Ja-Fragen-Technik

Mit der Ja-Fragen-Technik haben Sie die Möglichkeit, den Kunden in die von Ihnen gewünschte Richtung zu lenken. Es handelt sich hierbei um eine Wiederholung bzw. Zusammenfassung der Punkte, denen der Kunde im Lauf der Unterhaltung bereits zugestimmt hat. Stellen Sie drei oder vier Fragen, die Ihr Kunde bestimmt mit einem Ja beantworten wird. Dann unterbreiten Sie Ihren Kaufvorschlag, der leicht suggestiv formuliert sein kann. Der Kunde darf jedoch nicht das Gefühl haben, überredet worden zu sein.

> **Beispiel: Ja-Fragen-Technik**
>
> - *„Ist es richtig, dass Sie mit Ihrer Familie einen preiswerten Urlaub in Deutschland verbringen möchten?" – „Ja."*
> - *„Möchten Sie innerhalb von drei Stunden mit dem Auto am Ziel sein?" – „Ja."*
> - *„Legen Sie Wert darauf, dass Ihre Kinder Umgang mit Tieren haben können?" – „Ja."*
> - *„Möchten Sie Touren mit dem Fahrrad unternehmen und ausgiebig wandern?" – „Ja."*
> - *„Dann wäre ein Urlaub in der Lüneburger Heide doch genau das Richtige für Sie und Ihre Familie!"*

Sehr wahrscheinlich wird Ihnen Ihr Kunde nun zustimmen. Damit Sie jedoch ein Verkaufsgespräch auf diese Weise zum Abschluss bringen können, sollten Sie sich zu den Punkten, denen Ihr Kunde ohne langes Überlegen zustimmen kann, während der Unterhaltung Notizen machen.

Alternativtechnik

Bei der Alternativtechnik setzen Sie voraus, dass der Kunde bereits eine Entscheidung getroffen hat. Es geht also nicht mehr darum, ob er Ihnen einen Auftrag geben möchte, sondern in welcher Form und in welchem Umfang er dies tut. Diese Technik können Sie nur einsetzen, wenn Ihr Kunde bereits Kaufbereitschaft signalisiert hat. Wenn Sie die entscheidende Frage mit dem nötigen Einfühlungsvermögen stellen, wird Ihr Kunde in aller Regel positiv reagieren:

Beispiele: Alternativtechnik

- *„Herr Wagner, bevorzugen Sie die Standardausführung oder die Sonderausführung mit der integrierten Steuerung?"*

- *„Herr Wagner, möchten Sie das Gerät bereits im Februar einsetzen oder nach der Messe im Mai?"*

Wenn der Kunde nun seinen Wunsch äußert, sollten Sie auf weitere Erklärungen verzichten. Sprechen Sie nur noch über Fragen bezüglich der Auftragsabwicklung. Vergessen Sie bitte nicht, den Kunden in seiner Entscheidung zu bestätigen.

Noch ein Hinweis: Wenn der Kunde unschlüssig ist, welche der beiden Alternativen er wählen soll, so wird er sich meist für die letztgenannte entscheiden. Bitte testen Sie dies in Ihren kommenden Verkaufsverhandlungen.

Gelegenheitstechnik

Die Gelegenheitstechnik ist eine gute Methode, um bei Geschäften, die für den Kunden überschaubar sind, zu einem raschen Abschluss zu kommen. Wenn der Kunde gut informiert und sich bewusst ist, dass ihm Nachteile entstehen, wenn er seine Entscheidung hinauszögert, wird er eher bereit sein, Ihnen den Auftrag zu erteilen:

Beispiele: Gelegenheitstechnik

- *„Herr Wagner, Sie möchten das Gerät doch ab September einsetzen. Am 1. April werden die Preise wegen der gestiegenen Material- und Lohnkosten um 2,7 Prozent erhöht. Wenn Sie sich jetzt zum Kauf entscheiden, entgehen Sie der bevorstehenden Preiserhöhung."*

> • *„Herr Wagner, wie ich meine, haben wir alles besprochen. Wenn Sie sich jetzt entschließen, das Gerät einzusetzen, kann die Auslieferung noch vor den Sommerferien erfolgen."*

Sie sollten diese Methode bei einem Kunden nicht zu häufig einsetzen, Sie laufen sonst Gefahr, dass er Sie durchschaut. Bei Interessenten, die Ihr Unternehmen noch nicht kennen, rate ich ebenfalls zur Vorsicht.

Empfehlungstechnik

Die Empfehlungstechnik hat Parallelen zur Gelegenheitstechnik:

> ### Beispiele: Empfehlungstechnik
> • *„Herr Wagner, wir haben nur noch eine Maschine auf Lager, wenn Sie diese haben möchten, dann …"*
> • *„Bei der Ausführung handelt es sich um ein Liebhaberstück. Wenn Sie es gerne erwerben möchten, dann empfehle ich Ihnen …"*

Voraussetzung für die Anwendung dieser Technik ist, dass Ihre Aussagen absolut seriös sind und einer Überprüfung jederzeit standhalten.

Bilanztechnik

Viele Kunden können sich schneller entscheiden, wenn sie die Entscheidungskriterien schwarz auf weiß vor sich liegen haben. Nehmen Sie also ein Blatt und ziehen Sie in der Mitte einen senkrechten Strich. Auf die linke Seite, die Sie mit einem Plus versehen, schreiben Sie die Vorteile Ihres Produkts, wie zum Beispiel Wertbeständigkeit, Zuverlässigkeit, Wiederverkaufswert und Service. Wählen Sie eine große, deutliche Schrift. Auf die rechte Seite, die Sie mit einem Minus versehen, schreiben Sie die Nachteile, die der Kunde bereits genannt hat, wie beispielsweise Lieferzeit. Wählen Sie hierfür eine etwas kleinere Schrift. Doch übertreiben Sie nicht, Sie möchten ja keinesfalls manipulativ wirken. Die Vorteile sollten jedoch deutlich überwiegen. Bei Menschen, die visuell veranlagt sind, werden Sie mit dieser Technik oft Erfolg haben. Doch achten Sie sorgfältig darauf, dass alles, was Sie schreiben, auch belegbar ist. Denn es könnte sein, dass der Kunde Ihre Notizen zu seinen Akten legt. Haben Sie unsachgemäße Aussagen gemacht, könnte er diese bei späteren Verkaufsverhandlungen gegen Sie verwenden.

Letzter-Ausweg-Methode

Bitte setzen Sie die Letzter-Ausweg-Methode nur nach sorgfältiger Überlegung ein. Sie können dieses gewagte Manöver riskieren, wenn Sie wissen, dass nach Ihnen der Wettbewerb ein Verkaufsgespräch mit Ihrem Kunden führen wird.

Beispiele: Letzter-Ausweg-Methode

- *„Herr Wagner, Sie können innerhalb von 14 Tagen vom Kauf zurücktreten."*

- *„Sollte Ihnen der Wein nicht zusagen, werden wir die restlichen Flaschen zurücknehmen."*

Wenn ein Interessent sich allen guten Argumenten verschließt, bleibt Ihnen nur noch die Möglichkeit, die Frage zu stellen:

• „Herr Wagner, unter welchen Umständen sind Sie bereit, uns den Auftrag zu erteilen?"

Legen Sie nach der Frage eine Pause ein, damit Ihr Gegenüber antworten muss. Eventuell stellt sich dann heraus, dass er Ihr Angebot nur benutzen wollte, um den Wettbewerb im Preis zu drücken.

Die oben Techniken sollten Sie beherrschen. Dann können Sie von Fall zu Fall entscheiden, welches die geeignete Vorgehensweise ist und zu welchem Zeitpunkt Sie sie einsetzen.

Tipps zum richtigen Verhalten bei Abschlussverhandlungen

Die Abschlussphase ist hochsensibel. Agieren Sie mit zu viel Druck, wird der Kunde womöglich misstrauisch und zieht sich zurück. Verpassen Sie den richtigen Zeitpunkt für den Abschluss, freut sich Ihr Wettbewerb …

Wenn Ihnen in der Abschlussphase Fehler unterlaufen, hat dies immer negative Folgen. Signalisiert der Kunde Kaufbereitschaft, müssen Sie umgehend den Abschluss einleiten. Dazu empfehle ich Ihnen:

• Strahlen Sie trotz aufkommenden Jagdfiebers Ruhe und Gelassenheit aus, denn das überträgt sich auf den Kunden.

- Bleiben Sie auch in schwierigen Gesprächssituationen locker, selbst wenn die Auftragserteilung aufgeschoben wird.

- Glauben Sie stets an einen erfolgreichen Abschluss, der Kunde spürt Ihre Zuversicht.

- Geben Sie sich bei einem Nein nicht sofort geschlagen. Kämpfen Sie um Ihren Kunden, allerdings immer mit fairen Mitteln.

- Bleiben Sie höflich und verbindlich, auch wenn die Unterhaltung nicht so verläuft, wie Sie es sich vorgestellt haben.

- Zeigen Sie Verständnis für Zweifel und Vorbehalte, besonders bei Neukunden. Verlieren Sie dabei Ihr Ziel nicht aus den Augen.

- Zeigen Sie Engagement. Der Kunde soll spüren, dass er wichtig für Sie ist.

- Behalten Sie stets ein Argument in Reserve. Ein kleines Zugeständnis zum Schluss wirkt oft Wunder.

- Sollte der Kunde nicht kaufen, bleiben Sie gelassen. Verbauen Sie sich nicht den Weg für weitere Geschäftsbeziehungen.

- Wenn Sie den Auftrag erhalten haben, sollten Sie weder überstürzt den Verhandlungsort verlassen noch den Auftrag nachträglich zerreden.

- Denken Sie daran: Jedes gute Gespräch beginnt und endet mit ein wenig Small Talk.

- Nehmen Sie sich in jedem Fall die Zeit für ein paar verbindliche Worte am Ende der Unterhaltung: „Ich danke Ihnen

für den Auftrag. Die Auftragsbestätigung erhalten Sie in
drei Tagen. Wenn sich Fragen ergeben, so lassen Sie es
mich bitte wissen."

Falls Sie den Auftrag nicht bekommen

Selbst durch den Einsatz aller genannten Methoden, bei aller
Sympathie und persönlichen Bindungen werden Sie nicht
jeden Auftrag bekommen. Ihre Enttäuschung über einen
entgangenen Auftrag dürfen Sie in verbindlicher Form zum
Ausdruck bringen. Der Kunde sollte auch jetzt noch erkennen, dass Ihnen an einer Zusammenarbeit sehr gelegen ist.
Fragen Sie ihn, aus welchen Gründen er nicht zustimmen
konnte. Wahrscheinlich wird er Ihnen jetzt seine wahren
Beweggründe nennen. Damit sind Sie bereits wieder bei
einer Bedarfsanalyse für zukünftige Verhandlungen. Eine
Absage zu erteilen ist für einen potenziellen Kunden auch
nicht immer einfach. Wenn sich im Lauf der Zeit eine persön-
liche, angenehme Beziehung aufgebaut hat, wird sich der
Einkäufer bestimmt an Sie erinnern, denn: Man sieht sich im
Leben immer zweimal!

Auf den Punkt gebracht

Alle genannten Methoden können Sie in Ihrer täglichen
Verkaufspraxis einsetzen. Sie sollten alle Techniken be-
herrschen. Ihre Aufgabe besteht also darin, die geeignete
Methode zum richtigen Zeitpunkt einzusetzen.

Steigern Sie Ihren Erfolg

Woher kommt es, dass manche Verkäufer unsere Aufmerksamkeit mehr erregen als andere, obwohl sie weder besonders attraktiv sind noch auf den ersten Blick über außergewöhnliche Fähigkeiten verfügen? Diese Verkäufer haben Charisma! Sie besitzen eine ganz besondere Ausstrahlungskraft, wirken durch ihre Persönlichkeit und durch ihre positive Einstellung. Sie gewinnen die Herzen anderer mühelos, werden ob dieses Talents bewundert und beneidet. Sie strahlen Energie, Selbstbewusstsein und Zielstrebigkeit aus. Sie stehen anderen Ansichten und Lebensformen offen gegenüber. Was sie auch vertreten – sie tun es mit Charme, Freundlichkeit und Begeisterung. Sie wirken auch in schwierigen Lagen engagiert und selbstsicher. Deshalb möchte jeder Einkäufer hören, was diese Geschäftspartner zu sagen haben. Solche Verkäufer faszinieren, doch es lässt sich schwer in Worte fassen, warum das so ist.

Charismatische Persönlichkeiten

Wir alle kennen charismatische Führungspersönlichkeiten – Menschen, die Visionen entwickeln, ihren Zielen treu bleiben und andere dafür begeistern. Gewiss fallen auch Ihnen Namen wie Mahatma Gandhi, Helmut Schmidt oder Papst Franziskus ein. Oder Größen im Sport wie Christiano Ronaldo oder Usain Bolt. Es gibt gerade in diesem Bereich viele Erfolgreiche – schillernde Figuren, denen eine außergewöhnliche Aura zugeschrieben wird.

Doch Charisma ist keineswegs nur bei Prominenten oder Begüterten zu finden. Bestimmt kennen Sie in Ihrem Umfeld Menschen, denen Sie diese Eigenschaft zuschreiben.

Ob eine Person über diese Tugend verfügt, ob Sie das gewisse Etwas hat, hängt entscheidend von ihrer inneren Einstellung ab. Wenn Sie Biografien von charismatischen Persönlichkeiten der Zeitgeschichte lesen, werden Sie feststellen, dass sie privat ganz normale Menschen mit Fehlern und Schwächen waren. So wie wir alle. Meist beruhte ihre Faszination auch nicht in erster Linie auf ihrem Fachwissen, wie so viele annehmen.

Die meisten Charismatiker entwickeln ihre Fähigkeit eher unbewusst. Um diese Eigenschaft zu kultivieren, brauchen Sie ein starkes Selbstbewusstsein. Und dies kommt nicht von heute auf morgen. Sie können es jedoch ständig weiterentwickeln.

In den folgenden Abschnitten versuche ich Ihnen zu vermitteln, wie Sie Ihr Charisma stärken und vervollkommnen können.

Die psychologische Seite

Achte dich selbst, wenn du willst,
dass andere dich achten sollen. (Freiherr von Knigge)

Glaubwürdigkeit kann ein Mensch nur ausstrahlen, wenn sie von innen kommt. Charisma entsteht aus einer Mischung aus Glauben an sich selbst und sicherem Auftreten. Deshalb ist es wichtig, sich in Selbstbejahung zu üben.

Allerdings sollten Sie realistisch bleiben. Es ist wenig hilfreich, wenn Sie sich immer wieder vorsagen: „Ich bin der beste Verkäufer der Welt!" Sie sollten Ihre Fähigkeiten auch unter Beweis gestellt haben.

Überlegen Sie, welche Faktoren Sie bewusst trainieren können. Körpersprache, Rhetorik und das äußere Erscheinungsbild lassen sich durch kritische Selbstbeobachtung und gezieltes Training erheblich verbessern. Natürlich sollten Sie auch nichts unversucht lassen, um Ihr Fachwissen ständig zu aktualisieren.

Eine überzeugende, authentische Darstellung gelingt nur, wenn ein Verkäufer mit all seinen Fähigkeiten, seiner Energie und aus voller Überzeugung seine Aufgabe wahrnimmt und ein Produkt oder eine Dienstleistung mit Begeisterung vertritt. Nehmen Sie sich nie zu ernst; wenn Sie auch einmal über sich selbst lachen können, verschafft Ihnen dies Sympathiepunkte.

Stärken Sie Ihr Selbstbewusstsein

> *Der beste Weg, andere an uns zu interessieren, ist der,*
> *an ihnen interessiert zu sein. (Emil Oesch)*

Zum Charisma gehört ein starkes Selbstbewusstsein. Sie sollten also von Ihrem Tun und Ihren Fertigkeiten überzeugt sein. Sie müssen Ihre Stärken kennen und kultivieren. Stehen Sie auch zu Ihren Schwächen, dies ist ein Ausdruck von Souveränität! Um sich selbst besser kennenzulernen, müssen Sie sich der Beurteilung Ihrer Mitmenschen stellen – beruflich und auch privat. Erstellen Sie für sich eine Checkliste Ihrer vermeintlichen Stärken und Schwächen. Das Ergebnis diskutieren Sie dann mit Menschen, die Sie gut kennen und Ihnen ehrlich ihre Meinung sagen. Fragen Sie sich selbstkritisch:

- Wie reagiert mein Umfeld auf mein Verhalten?
- Welche Befürchtungen und Ängste habe ich?
- Was könnte meine Kunden an mir stören?
- Was macht meine Persönlichkeit aus?
- Zeige ich Interesse und Engagement?

Es gibt verschiedene Möglichkeiten, Engagement zu zeigen. Eine davon ist, in der Verfolgung seiner Ziele beharrlich zu sein und auch steinige Wege zu gehen. Zeigen Sie ein Höchstmaß an Einsatz! Haben Sie den Mut, Risiken auf sich zu nehmen, und bringen Sie Ihre gesamte Persönlichkeit in Ihre Verkaufsverhandlungen ein.

Wenn es Ihnen gelingt, Ihren Beruf zur Berufung zu machen, trägt dies wesentlich zur Steigerung Ihrer charismatischen Ausstrahlung bei. Gehen Sie in Ihrer Tätigkeit auf und macht Ihnen Ihre Arbeit Freude, strahlen Sie automatisch Begeisterung und Engagement aus. Dann wird auch der berühmte Funke von Ihnen auf Ihre Kunden überspringen. Versuchen Sie also, Ihr Leben, soweit es möglich ist, darauf auszurichten, was Ihnen Freude bereitet und Ihnen Zufriedenheit bringt.

Wenn Sie Ihren Kunden echtes Interesse entgegenbringen, öffnen sich Ihnen viele Türen. Dazu gehört auch, dass Sie Ihre eigenen Interessen nicht immer an erster Stelle sehen, sondern auch die Wünsche und Bedürfnisse Ihrer Geschäftspartner berücksichtigen. Dies erreichen Sie, indem Sie Ihr Gegenüber ausreden lassen und aktiv zuhören.

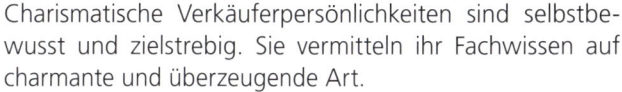

Denken Sie stets daran:

Der wichtigste Kunde ist immer der, dem Sie gerade gegenüberstehen.

Charismatische Verkäuferpersönlichkeiten sind selbstbewusst und zielstrebig. Sie vermitteln ihr Fachwissen auf charmante und überzeugende Art.

Auf den Punkt gebracht

Stärken Sie Ihr Selbstbewusstsein, zeigen Sie Interesse und Engagement und werden Sie sich über Ihre Ziele klar. Wenn Sie Ihre Ansichten optimistisch und mit einer gehörigen Portion Humor vertreten, werden Sie die Herzen Ihrer Kunden leichter gewinnen.

Schlusswort

„Es gibt kaum etwas auf dieser Welt, das nicht irgendjemand ein wenig schlechter machen und etwas billiger verkaufen könnte, und die Menschen, die sich nur am Preis orientieren, werden die gerechte Beute solcher Machenschaften. Es ist unklug, zu viel zu bezahlen, aber es ist noch schlechter, zu wenig zu bezahlen. Wenn Sie zu viel bezahlen, verlieren Sie etwas Geld, das ist alles. Wenn Sie dagegen zu wenig bezahlen, verlieren Sie manchmal alles, da der gekaufte Gegenstand die ihm zugedachte Aufgabe nicht erfüllen kann. Das Gesetz der Wirtschaft verbietet es, für wenig Geld viel Wert zu erhalten. Nehmen Sie das niedrigste Angebot an, müssen Sie für das Risiko, das Sie eingehen, etwas hinzurechnen. Und wenn Sie das tun, dann haben Sie auch genug Geld, um für etwas Besseres zu bezahlen."

John Ruskin
Englischer Sozialreformer (1819–1900)

Liebe Leserin, lieber Leser,

wenn Sie die Jahreszahlen 1819 bis 1900 nicht sehen könnten , wären Sie bestimmt der Annahme, dass es sich um einen neuzeitlichen Text handelt. Sie sehen: Überlegungen dieser Art bleiben stets aktuell. Erarbeiten Sie sich eine zeitgemäße Verkaufsphilosophie, die Sie mit den wechselnden Bedürfnissen Ihrer Kunden stetig weiterentwickeln.

Bei der Umsetzung wünsche ich Ihnen viel Erfolg.

Lothar Haase

Stichwortverzeichnis

Der Autor

Lothar Haase ist Cheftrainer beim Management Institut Ruhleder in Bad Harzburg. Aus seiner Zeit als Verkaufsleiter verfügt er über sehr viel praktisches Wissen. Er führt offene Seminare mit dem Titel „Besser verkaufen – Verkaufsrhetorik und Verkaufspsychologie" durch. Für über 280 Unternehmen arbeitet er auch in den Bereichen „Kommunikation" und „Teamtraining". In der Reihe Beck Kompakt finden Sie seinen Titel „Erfolgsrhetorik – Reden und Präsentationen". Weitere Informationen erhalten Sie unter:

Management Institut Ruhleder, www.ruhleder.de

l.haase@ruhleder.de

Tel.: 05322 96720

oder unter

www.haasetraining.de

Impressum:
Verlag C. H. Beck im Internet: www.beck.de
ISBN: 978-3-406-70101-6
© 2016 Verlag C. H. Beck oHG
Wilhelmstraße 9, 80801 München
Satz: Fotosatz Buck, 84036 Kumhausen
Druck und Bindung: Beltz Bad Langensalza GmbH
Neustädter Str. 1–4, 99947 Bad Langensalza
Umschlaggestaltung: Ralph Zimmermann – Bureau Parapluie
Umschlagbild: © NoDerog – iStockphoto.com
Gedruckt auf säurefreiem, alterungsbeständigem Papier
(hergestellt aus chlorfrei gebleichtem Zellstoff)